AF391388

BERNARD HEUVELMANS
UN REBELLE DE LA SCIENCE

JEAN-JACQUES BARLOY

BERNARD HEUVELMANS
UN REBELLE DE LA SCIENCE

Bibliothèque Heuvelmansienne

LES ÉDITIONS DE L'ŒIL DU SPHINX
36-42 rue de la Villette
75019 PARIS, FRANCE
www.œildusphinx.com
ods@œildusphinx.com

Bibliothèque Heuvelmansienne

DIRECTEUR DE COLLECTION
JEAN-LUC RIVERA

AVERTISSEMENT :

Cette Bibliothèque Heuvelmansienne devrait compter une quinzaine de livres, dont la publication s'étalera sur plusieurs années. Elle commence avec la biographie écrite par Jean-Jacques Barloy, *Bernard Heuvelmans, un rebelle de la science*. Elle se poursuivra avec tous les ouvrages cryptozoologiques de Bernard Heuvelmans, déjà publiés (et épuisés) ou inédits. Cette série se terminera par un livre de souvenirs d'Alika Lindbergh sur celui dont elle a partagé la destinée.

L'édition des livres cryptozoologiques respecte le texte écrit par Bernard Heuvelmans qui est simplement enrichi de brefs commentaires en notes, imposés par l'actualité et dus à Jean-Jacques Barloy, docteur ès sciences. Au total, cette collection constitue un hommage à un homme qui a profondément marqué notre vision du monde, un humaniste et un encyclopédiste qui, ainsi, enchantera une nouvelle génération de lecteurs.

COUVERTURE :

Composition d'Alika Lindbergh montrant le visage de Bernard Heuvelmans entouré des principaux animaux mystérieux apparaissant dans son œuvre. Dans le sens des aiguilles d'une montre : le yéti, un ptérosaure, le tatzelwürm, le mokélé-mbêmbé, le machairodus, l'homme pongoïde, l'orang pendek, la pieuvre géante, l'otarie à long cou, la sirène, le moa, l'anaconda géant.

(collection privée du Dr. Richard Goldstein que nous remercions pour nous avoir autorisé à utiliser ce tableau Photographie Emmanuel Thibault)

© 2007 LES ÉDITIONS DE L'ŒIL DU SPHINX

ISBN: 2-914405-42-1
EAN : 9782914405423
ISSN de la collection en cours.
Dépôt Légal: Mai 2007

REMERCIEMENTS :

Les Éditions de l'Œil du Sphinx et moi-même tenons à remercier les ayant-droits de l'œuvre de Bernard Heuvelmans pour leur soutien à cette entreprise d'édition et leur autorisation de publier les ouvrages de cryptozoologie de leur père et grand-père : M. Ronald Heuvelmans, Mlle Pascale Stevenart, Mme Nathalie Stevenart Roland et M. Olivier Stevenart. Nous remercions aussi pour son amitié, son enthousiasme et son soutien sans faille Alika Lindbergh. Sans eux, ce projet n'aurait pu aboutir.

Nous remercions aussi pour leur aide précieuse pour la sortie de ce volume Loren Coleman, Jacky Ferjault, Pierre Paillard, André Savéant, Henri Vernes, et Fabrice Tortey.

Jean Luc Rivera

Préface

Né dans un christianisme imposé, comme on peut naître esclave, sans l'avoir certes souhaité, il allait briser très tôt les chaînes dont les pères Jésuites le ligotèrent dès l'enfance, et devenir un esprit libre de toute entrave. Libre, Bernard Heuvelmans le resta toute sa vie, comme le sont jusqu'à la mort les irréductibles peuples sauvages, et les chats, qu'il aimait tant. Indomptable donc, préférant la pauvreté à l'asservissement, farouchement individualiste, il n'accepta jamais un dogme sans l'avoir au préalable soigneusement étudié, et repensé selon ce que lui soufflait le génie singulier qui l'habitait. Son destin fut, dès lors, de jeter à bas ces vérités définitives (et, en fait toujours provisoires, l'histoire des sciences le prouve) qui entravent l'évolution du savoir, répondant ainsi à la perfection à la définition de K.W. von Goethe : « C'est le propre du génie authentique que de déranger toutes les idées reçues ».

La biographie écrite par Jean-Jacques Barloy, son disciple et ami, rapporte les éléments qui ont structuré son parcours, avec une minutie qui eût enchanté Bernard, mais aucun écrit, fût-il talentueux, ne pourrait restituer le charme d'un homme dont, au delà de l'intelligence exceptionnelle et de la prodigieuse culture, la vie fut, avant tout, vibrante d'émotions. J'ai connu Bernard Heuvelmans sous ses aspects les plus émouvants et les plus rares, et c'est de cela que je voudrais témoigner — pour le reste, Jean-Jacques Barloy s'en chargera bien mieux que moi qui n'ai, pour parler de Cryptozoologie ni la compétence scientifique, ni même la formation universitaire qu'il faudrait. En fait, chacun de nous était la vraie famille de l'autre : celle que l'on choisit. Au cours de nos cinquante et un ans de côtoiement affectueux, nous avons beaucoup parlé et beaucoup ri ensemble ; nous avons pleuré sur le sort des peuples sauvages et des animaux, nous avons travaillé côte à côte, nous nous sommes constamment entraidés, avec une sorte de fidélité tribale, presque sans interruption du jour de notre rencontre à Bruxelles, le 3 mars 1950, jusqu'au jour de sa mort au Vésinet, le 22 août 2001. Entre ces deux dates, j'ai vu sa vie se dérouler, une vie de travail acharné, parsemée de fêtes joyeuses, de tempêtes amoureuses, de triomphes et de revers, et dominée par l'amour qu'il portait à tous les animaux, sans qui son existence n'eût pas valu d'être vécue. Je n'étais plus son épouse, ni même sa compagne, depuis 1962, date de notre lointain divorce, et ce qui nous unissait semble avoir été incompréhensible pour le commun, car c'était un lien inclassable que je ne puis comparer qu'à celui qui unit un chien et son ami humain, un lien très simple et très profond, qu'on peut appeler « amitié » si l'on veut — mais alors c'est l'amitié selon les chiens et non selon les hommes ! — Nous étions aussi différents qu'un chien l'est de son « maître », mais nous étions aussi proches, indissolublement concernés par les coups durs et les bonheurs de l'autre. Bernard avait d'ailleurs un don pour inspirer à ses amis une sorte de tendresse très particulière : c'est qu'avant tout il était un animal et s'assumait comme tel, inspirant à autrui, lorsqu'il en était aimé, la même attirance touchante, si rare dans les relations humaines, que les animaux inspirent à ceux qui les aiment. On dirait aujourd'hui qu'il était « craquant ». Comme beaucoup de séducteurs, il pouvait être profondément fidèle, et, connaissant fort bien ce qui différencie les liens essentiels des leurres de la passion, sensible, certes, au charme de toutes les jolies femmes et prompt à s'enflammer pour elles, il fut capable de partager avec quelques-unes d'entre elles une affection indéfectible. Jusqu'à sa mort, à chacun de ses anniversaires, des appels téléphoniques venus des quatre coins de l'Europe, lui apportaient les vœux chaleureux d'anciennes « petites amies » restées ses grandes amies, pour qui sa tendresse demeurait remarquablement fidèle (et qui le lui rendaient bien, ce qui est peut-être le plus surprenant !). Bernard vivait d'émotions, nourrissant la subtilité et la complexité de son « monde » avec les trésors et les blessures de son cœur, certaines ne se refermant jamais. Lorsqu'il était enfant, pour le consoler de la mort d'un frère avec qui il avait eu, en fait, peu d'atomes crochus, ses parents lui avaient offert enfin ce qu'il désirait le plus au monde : un petit chien bâtard nommé Timoléon — « Timmy ». Hélas ! Exaspérée un beau jour par la présence d'un animal, et sans doute plus encore par l'amour inconditionnel que Bernard portait à son chien, sa mère devait commettre un acte révoltant : faire emmener un jour Timmy par la fourrière pendant que l'enfant était à l'école. Ce premier grand amour, et cette première déchirure, allaient marquer Bernard pour la vie. Quelques jours avant sa mort il pleurait encore en évoquant son Timoléon, et jamais il ne pardonna à sa mère l'ignominie de cet acte meurtrier. Je suis sûre quant à moi que le destin lui fit un signe de connivence en amenant à son chevet, dans les tout derniers moments de sa vie, ma petite chienne Pôm qui ressemble beaucoup à Timmy. La boucle se refermait avec grâce, tout était en ordre, Bernard pouvait aller en paix : une bête, et une femme, toutes deux dignes de confiance, l'accompagnaient jusqu'aux portes de l'au-delà. Cette histoire est beaucoup plus révélatrice de ce que fut réellement cet homme que bien d'autres anecdotes (plus importantes socialement, ou même sentimentalement) de sa vie extrêmement riche en événements marquants.

Lorsque, bien plus tard, devenu un célèbre zoologiste et le père de la Cryptozoologie, Bernard évoquait le Yéti, l'Homme pongoïde, ou le Bigfoot, ces « Abels », il y avait dans sa voix et son regard la même tendresse douloureuse que lorsqu'il parlait de Timmy, la même angoisse de les voir assassiner par les *Homo sapiens*, ces « Caïns ». Sans aucun doute, son attitude unique dans le monde des chercheurs scientifiques provenait d'un pacte viscéral qui le reliait aux autres êtres vivants (animaux ou plantes, d'ailleurs) et qu'il ressentait au plus profond de lui, comme *ses frères*. Pour tout autre scientifique que j'ai rencontré, même des zoologistes, et exception faite de rares éthologues (comme Dian Fossey), l'être vivant, sujet de leurs études, était avant tout un *spécimen* — du matériel de recherche en somme — et, comme tel, ses émotions, son âme, ne méritaient pas d'égards particuliers et, en tout cas, passaient bien après l'intérêt de la Science... Même Théodore Monod, grand défenseur des animaux, végétarien, opposant à la chasse et antivivisectionniste militant, admettait qu'on tue des animaux pour la récolte des spécimens. Bernard, indigné par la férocité hypertélique de l'*Homo sapiens*, était hors normes : non seulement il trouvait révoltantes toutes les souffrances que l'homme inflige aux autres espèces dans les abattoirs, les arènes, les laboratoires, etc... mais il était totalement opposé au sacrifice d'animaux pour la Science, y compris pour sa chère Cryptozoologie. Il souhaitait de toute son âme éviter aux « bêtes ignorées » d'être capturées ou abattues pour être étudiées. Il craignait plus que tout d'être indirectement responsable d'une chasse au trophée quelconque lancée par quelque Tartarin en vue de ramener une « preuve »... sous forme de cadavre, bien entendu ! Nul doute qu'il eût aidé E.T. à fuir la terre des chercheurs tortionnaires ! Lorsqu'il revint d'Asie, en 1994, il y avait récolté beaucoup de témoignages saisissants concernant l'existence probable d'un primate géant inconnu (peut-être un gigantopithèque relique). Mais il avait si peur de voir des tueurs avides de sensationnel se précipiter dans les jungles de Malaisie pour abattre un de ces merveilleux et inoffensifs géants velus qu'il garda pour lui beaucoup d'informations. Le choix difficile qu'il fit alors, préférant préserver la paix d'un animal innocent à la démarche scientifique normale, définit à merveille l'exceptionnelle moralité de Bernard Heuvelmans, et explique aussi qu'il préféra la pensée bouddhiste à toutes les religions qui privilégient l'homme au détriment du reste du monde vivant.

*

Une rumeur tenace, soigneusement entretenue de son vivant comme depuis sa mort, plutôt par des disciples affectant d'en être scandalisés que par des ennemis déclarés, veut que Bernard Heuvelmans et la Cryptozoologie aient été rejetés — ou du moins tenus à l'écart — par les pontifes de la Science officielle. Non seulement cela fut — et cela reste — faux, mais la vérité est en fait surprenante. Tout au long de ses cinquante ans de recherches cryptozoologiques, Bernard fut encouragé et approuvé par de nombreux scientifiques de haut niveau, et en particulier par des hommes dont les compétences en zoologie ne faisaient aucun doute. Soutenu par quelques-uns des plus grands « mandarins » de son temps, il pouvait accepter avec philosophie l'inévitable hostilité que déclenche toute idée novatrice chez ceux qui, gelés dans leurs dogmes, craignent surtout de voir certaines découvertes cryptozoologiques leur infliger quelques démentis... Mais, accepté justement, par ceux qu'il admirait le plus, Bernard ne fut jamais renié et ridiculisé par ses pairs comme le furent certains de ses plus géniaux et pathétiques prédécesseurs : Pierre-Denys de Montfort, ou Constantin Samuel Rafinesque, par exemple, morts dans un total dénuement et dans l'oubli. Ces deux destins tragiques le hantèrent pourtant car il s'attendait, comme tout anti-conformiste lucide (et de surcroît pessimiste) à un rejet hautain, et à mourir abandonné de tous. Ses choix n'en furent que plus courageux, car il savait fort bien où ils pouvaient le mener. La bonne surprise fut de découvrir tout au long de son parcours qu'un nombre appréciable de scientifiques prestigieux — et attachés à l'Establishment — le tenaient en haute estime et ne s'en cachaient pas. Ami de Desmond Morris, de Théodore Monod, de Rémy Chauvin et de tant d'autres, on verra, au cours de la lecture de cette biographie, se succéder autour de lui ceux qui l'encouragèrent et l'approuvèrent : le Docteur Osman Hill, du Yerkes Primate Research Center de Chicago, Carleton S. Coon, de l'Université de Harvard et l'un des plus grands anthropologistes américains, le professeur André Capart, directeur de l'Institut Royal des Sciences Naturelles de Belgique, le célèbre découvreur du cœlacanthe : le professeur J.L.B. Smith, le grand paléontologiste Phillip V. Tobias, L.S.B. Leakey, l'un des plus prestigieux spécialistes de paléontologie humaine, etc. Enfin, lorsque Roy Mackal, professeur de biochimie à l'université de Chicago, fonde dans les locaux de la Smithsonian Institution l'*International Society of Cryptozoology*, l'on trouve parmi ses membres d'honneur, outre André Capart, Sir Peter Scott, John Napier, M. Latimer, et Ingo Krümbiegel, tous scientifiques des plus éminents. Il n'eut donc rien d'un scientifique maudit, bien au contraire ! Rien qu'en France, dès la parution de *Sur la piste des bêtes ignorées*, Roger Heim, l'un des premiers grands défenseurs de la nature, alors directeur du Muséum d'Histoire Naturelle de Paris, devait lui manifester l'enthousiasme que lui inspirait sa démarche. Quant au professeur Jean Dorst, auteur de remarquables ouvrages, et lui aussi directeur du Muséum, il fut ouvertement l'un de ses plus fidèles défenseurs, et, jusqu'à leurs morts, survenues à quelques semaines d'intervalle, il écrivit à Bernard de chaleureuses lettres de soutien, même (et nous verrons que c'est exceptionnel) en ce qui concernait l'Homo pongoides, décrit par Bernard en 1969. Je me souviens pour ma part d'avoir, au cours d'un été en Dordogne, entendu le professeur Pierre-Paul Grassé, l'un des pontifes incontestés de la Science officielle, nous décrire les grandes et ténébreuses forêts marécageuses proches de la Likouala-aux-Herbes africaine, où l'enchevêtrement des racines et des branches plongeant dans la boue putride empêche mieux qu'un mur la pénétration des hommes — à pied ou en pirogue. Son opinion était que dans un milieu pareil peut survivre n'importe quel animal réputé disparu, et aussi énorme qu'un grand dinosaure, sans que personne ne l'ait jamais vu, hormis les quelques rares autochtones qui l'ont mythifié. Rémy Chauvin, quant à lui, respectait profondément le courage de Bernard. Lui-même est le plus grand et le plus frondeur des éthologues français. Bernard et lui se ressemblaient beaucoup : anticonformistes en diable, pleins d'humour, ils ont fait tous deux beaucoup de grincheux. Mais ils ont aussi enthousiasmé plusieurs générations de jeunes lecteurs et de disciples, ravis de n'avoir pas affaire à d'ennuyeuses vieilles barbes, mais à des savants que l'Inconnu, l'Aventure, voire l'Intouchable, ne faisaient pas reculer — bien au contraire. Aujourd'hui encore je rencontre souvent des gens qui, dans leur adolescence, ont lu les ouvrages de Bernard et y ont découvert avec ravissement que l'Aventure n'est pas morte, et peut se conjuguer avec la plus grande rigueur scientifique. Je ne parle pas ici des vieux gamins qui s'en vont en tenue de Tartarins de la Cryptozoologie jouer quinze jours durant les explorateurs dans tel ou tel coin de la planète, armés de fusils, bien entendu, et prudemment « couverts » par des game-wardens — prêts à en découdre avec un tigre à dents en sabre, un dinosaure relique ou un pauvre homme sauvage, dans le but d'avoir leur photo dans les gazettes. Non, je ne parle pas d'eux qui sont l'inévitable plaie d'une recherche romanesque à souhait. Je parle de gens on ne peut plus sensés à qui la cryptozoologie a ouvert tout un monde, ou chez qui elle a éveillé une véritable vocation. Parmi ceux-là, il y en a un qui a payé de sa vie son engagement dans la recherche des animaux cachés : Jordi Magraner, notre ami, parti à plusieurs longues reprises quinze ans durant, à la poursuite du Barmanou, l'homme velu de l'Indu Kush — sans doute proche de l'almasty du Caucase et correspondant à la description de l'homme pongoïde. Sûr d'être sur le point d'aboutir, et bien décidé à suivre les directives de Bernard Heuvelmans (ne molester en aucune manière, ni abattre l'un de ces êtres mystérieux, mais, comme Schaller le fit naguère avec les gorilles de montagne, les observer, et tenter de les approcher, de les photographier, de relever leurs traces, etc.), Jordi fut sauvagement assassiné (par des humains, faut-il le dire) au nord du Pakistan, sur la frontière afghane, soupçonné, semble-t-il, d'être « un espion ». Peu de temps auparavant, nous nous étions parlé au téléphone : il était de passage en Europe et venait d'apprendre la mort de Bernard, qui le bouleversait. La cryptozoologie a donc eu son premier martyr.

*

En fait, les seuls pitoyables détracteurs des théories du père de la Cryptozoologie ont toujours été, outre, bien entendu, des journalistes ignorants et quelques envieux, des cryptozoologues auto-proclamés comme tels, et jaloux de la personnalité écrasante du « père », ce qui explique beaucoup de comportements franchement infantiles. Ceux qui ont le plus discuté les thèses de Bernard, avec l'arrogance propre aux médiocres, qui ont minimisé son impact, qui ont systématiquement choisi de le mentionner comme un simple rouage, ou tout bonnement « oublié » de le mentionner en parlant de cryptozoologie, furent bel et bien les plus pâles adeptes d'une science dynamique pour laquelle ils n'avaient aucune formation, ni, bien entendu, la rigueur scientifique et la capacité de travail du Maître. Au départ, lorsque le département Bernard Heuvelmans fut ouvert au musée de Zoologie de Lausanne, Michel Sartori, son directeur, fut stupéfait du soudain déferlement de communications, opuscules, petites revues, etc., venant de gens dont on pouvait douter parfois qu'ils aient obtenu leur certificat d'études... Or, au désespoir du docteur Sartori, de telles publications ou interviews, diffusées auprès des scientifiques, discréditaient la cryptozoologie. Bien entendu, ce sont, hélas, les vieux gamins qui parlent du rejet de « notre science » (sic !) par la Science officielle. Possédés par une sorte de fascination — haine pour le père, rival à abattre — ils se déclarent souvent ses héritiers, alors qu'ils ne furent que des concurrents dans une course à la notoriété de bas étage, bien dérisoire pour le bouddhiste qu'il fut. Tout de même, il y eut bien une levée de boucliers de *certains* scientifiques contre Bernard, mais elle date de la découverte de ce qu'il décrivit comme un homme de Néanderthal relique, en 1969. A ce moment, des gens, que la survie possible d'un dinosaure n'avait jamais dérangés, se montrèrent réticents : un singe inconnu, un grand anthropoïde ignoré, soit... mais un *homme (velu)* — Ah ! Çà, impossible ! L'homme — en particulier de notre culture occidentale — ne supporte pas qu'on lui rappelle qu'il est un animal, que ses origines ne le font pas descendre des étoiles à bord d'une soucoupe volante, mais d'un ancêtre velu. L'homme sauvage ne correspond évidemment pas à l'idée que le commun se fait d'une créature façonnée à l'image de Dieu : il faudrait admettre que Dieu est pareil à une bête fourrée : cela dérange ! Déjà, lorsque le grand Carleton S. Coon conseilla à Bernard de se mettre en rapport, en se recommandant de lui, avec une revue américaine d'anthropologie, il ne lui laissa que peu d'espoir d'y être entendu, lui disant que ces « fils de clergymen » n'oseraient jamais parler d'une découverte aussi... gênante. Cela me rappelle l'exclamation poussée par l'épouse d'un haut personnage scientifique anglais, lorsque son mari lui apprit que Darwin affirmait que l'homme descend du singe : « Mon Dieu ! » s'écria-t-elle en se signant, « faites que ça ne soit pas vrai ! Et, si c'est vrai, faites que ça ne se sache pas ! » Le rôle de Bernard Heuvelmans fut, précisément, de faire en sorte que « ça » se sache. Car le but de tout vrai savant, comme de tout honnête homme, est la recherche de la VÉRITÉ. Et, avec génie, avec courage, avec sa grande sensibilité, et beaucoup d'humour, c'est ce qu'il fit.

Alika Lindbergh

AVANT-PROPOS

Durant l'été 1956, j'étais en vacances au Val-André, sur les rives de la baie de St-Brieuc. Un jour, mon père m'apporta un numéro d'un nouveau journal pour jeunes : *Risque-tout*. Je l'ai conservé ; il s'y trouvait un article intitulé *Anaconda ! La créature monstrueuse de l'Enfer vert, à laquelle personne ne voulait croire ...* Le « chapeau » de l'article nous présentait l'auteur, Bernard Heuvelmans, et expliquait comment il avait rompu avec le dogmatisme de la Science officielle. Une photo le montrait fumant la pipe. Je fus passionné. Tel fut mon premier contact avec les travaux de Bernard Heuvelmans. Jusqu'alors, les animaux mystérieux ne m'avaient guère motivé. J'avais bien lu des articles sur le Serpent-de-mer (notamment les deux pages courageuses que lui avaient consacrées Léon Bertin dans sa *Vie des Animaux*) et j'avais suivi avec amusement les péripéties du yéti dans la presse française, mais c'était à peu près tout. Plus tard, je découvris pour de bon *Sur la piste des bêtes ignorées* dont était extrait l'article sur l'anaconda. Les deux volumes se trouvaient à la librairie des Presses Universitaires de France, place de la Sorbonne, où je feuilletais souvent les livres : je préparais alors la licence ès sciences. Les deux tomes étaient placés sur un rayon au ras du sol — ce qui posait quelques problèmes pour les parcourir... Mon trouble devant les mystères zoologiques posés par l'ouvrage augmenta, comme aussi ma passion pour ce qui devait devenir la cryptozoologie. Je parvins à me faire offrir *Sur la piste des bêtes ignorées* et dévorai les deux tomes. Je fus séduit par la fraîcheur et la spontanéité qui s'en dégageaient, et qui contrastaient avec les cours de zoologie que je suivais, certes fondamentaux mais quelque peu « desséchés ». Je possède toujours ces deux exemplaires, encore recouverts de papier vert : à l'époque, on avait l'habitude (un peu scolaire, mais qui prouvait le respect qu'on leur portait) de « recouvrir » ainsi les livres. Je lus les ouvrages suivants de Bernard Heuvelmans. C'est seulement en 1966 que je me décidai à lui écrire. Dans ma lettre, je lui faisais part de diverses remarques qu'avait suscitées en moi la lecture du *Grand Serpent-de-mer*. Il me répondit le 27 août (j'ai gardé la lettre — comme les suivantes — et même l'enveloppe !), me remerciait pour mes remarques et les discutait. Je lui écrivis à nouveau et, cette fois, en plus de réflexions sur des sujets cryptozoologiques, je lui adressai un résumé de ma thèse de doctorat sur l'écologie du moineau domestique, que j'avais soutenue au mois de mai. Et j'attirai son attention sur l'absence de cet oiseau à l'Ile du Levant (qui, comme nous le verrons, était son fief estival). Dans sa réponse, il me disait :

Et mille fois merci aussi pour le résumé extrêmement passionnant de votre thèse sur cet extraordinaire petit conquérant discret qu'est le moineau, une des rares espèces de vertébrés qui soit en expansion continuelle, une des trop rares espèces, hélas !

Et il précisait :

Il est tout à fait exact que l'absence de moineaux reste une des maintes curiosités zoologiques de l'Ile du Levant, curiosité que bien entendu la plupart des gens ne re-marquent pas à cause de son caractère négatif.

Depuis cette lettre, j'ai toujours gardé à l'esprit l'importance des absences locales en matière zoologique. Plusieurs années plus tard, en 1970 ou 1971, je rencontrai enfin Bernard. Cette première rencontre eut lieu à son domicile, rue Servandoni, à Paris, près de Saint-Sulpice. Entre-temps s'était déroulée la fantastique affaire de l'Homme pongoïde, et c'était surtout à ce sujet que je venais le voir. Entre-temps aussi, et pour une bonne part grâce à son aide, je m'étais dirigé vers le journalisme et l'édition, et la cryptozoologie, d'emblée, fut un de mes thèmes de prédilection. Par ses livres, Bernard avait passionné un vaste public et notamment d'innombrables jeunes. Je me souviens par exemple d'un repas chez une cousine, qui avait pour compagnon un garçon, lequel me raconta que, dans sa famille, tous les dîners se passaient à discuter des thèses de Bernard sur les animaux mystérieux ! Il y a eu véritablement une « génération Heuvelmans ». La rédaction de cette biographie m'a valu de nombreuses visites chez Alika Lindbergh, au Vésinet, là où Bernard passa la dernière partie de sa vie. Chez Alika, tout est raffinement : boissons, nourriture, jardin peuplé d'oiseaux, conversations (souvent non conformistes) sur les arts, la littérature et les sciences, et, bien sûr, ses tableaux et les souvenirs de Bernard, qui semble toujours présent. Avec aussi la charmante Sarah, la fille de Scott Lindbergh. Et pas question d'oublier Pôm, dont nous reparlerons. J'avoue, après avoir dépouillé les archives concernant Bernard (et d'ailleurs établies par lui-même), regretter de n'avoir pas parlé davantage avec lui de sujets autres que la zoologie et la cryptozoologie. II faut dire que j'avais de lui une image surtout scientifique : je le revois, par exemple, à la Bibliothèque Nationale, où nous nous rencontrions souvent, au milieu des livres et de ses fiches. Certes, je savais qu'il s'était illustré dans le jazz et donc qu'il passait ses vacances à l'Ile du Levant, et qu'il ne fallait pas voir en lui un savant ascétique. Cependant, j'étais loin de connaître toute la richesse de cette personnalité hors série. J'espère que le lecteur sera, à son tour, fasciné en la découvrant dans les pages qui suivent.

I. Entre falaises et dunes

Quelle était la nationalité de Bernard ? Les médias du monde entier l'ont souvent dit français, les Français l'ont souvent dit belge. Il est difficile de trancher. Le mieux est de s'en remettre à lui. Dans une lettre datée de la *Pentecôte 1980*, il m'écrivait, à propos de son rôle dans la recherche du *Mokélé-mbêmbé* (nous apprendrons en temps voulu ce dont il s'agit) :

Il est tout à fait inutile de souligner ma citoyenneté belge : étant donné le chauvinisme français, cela me porte préjudice. Je suis d'ailleurs né Français et n'ai perdu ma citoyenneté qu'en choisissant de faire mon service militaire en Belgique. J'ai passé la plus grande partie de ma vie en France, et c'est en France que s'est déroulée ma carrière scientifique. Si je suis citoyen belge, je suis néanmoins zoologue français. D'ailleurs entendez-vous jamais parler du cinéaste albanais Frédéric Rossif, de l'historien belge André Castelot, du chanteur arménien Aznavour ? (A part Brassens et Trénet, y a-t-il d'ailleurs un seul chanteur français qui ne soit pas étranger ? Même Mistinguett était belge et Chevalier l'était à moitié par sa mère !). Les Français sont toujours ravis de s'annexer des vedettes (entre autres).

La cause est donc entendue...

En fait, Bernard Heuvelmans se considérait comme trois fois normand. D'abord, géographiquement : il est, en effet, né au Havre, rue Joseph Morlent, le 10 octobre 1916, à 23 heures [1]. Ensuite, génétiquement, car ses ancêtres, des Danois, ont quitté leur pays au XVIe siècle pour s'installer en Flandres. Plus précisément, après la révolution de 1522, le roi Christian II de Danemark quitta son pays avec sa suite, dont faisait partie une famille Heuvelmans, qui reçut de Charles Quint une seigneurie à Ecckeren-Brasschaet, en Flandres. La famille fit souche dans cette région, puis se répandit à travers la Campine, le Nord-Brabant, le Limbourg, et jusqu'en Allemagne. Enfin, Bernard Heuvelmans se sentait, philosophiquement, normand : le scepticisme et l'éclectisme qu'il manifestera au cours de sa vie se reconnaissant dans le célèbre « p'têt ben qu'oui, p'têt ben qu'non » traditionnellement attribué aux Normands. Et le fait que les falaises crayeuses du Cap de la Hève, qui domine Le Havre, aient fourni des ossements de plésiosaures n'est-il pas un fort beau symbole ? Pourtant, il remarquait lui-même avec humour que son physique n'évoquait pas exactement celui qu'on attribue aux Vikings : d'une taille un peu inférieure à la moyenne, avec des cheveux bruns, de remarquables yeux verts, des mains fines et de petits pieds, il prenait, dès qu'il vivait au soleil, une teinte chocolat qui le faisait ressembler plutôt à un Malais, ce dont il était extrêmement fier.

[1] Le gouvernement belge, durant la Grande Guerre, s'était replié à Sainte-Adresse, dans la banlieue du Havre.

Précisons que Heuvelmans, ce nom qui sonne si bien, surtout après un prénom comme Bernard, signifie en néerlandais « homme de la colline ». Ce nom dérive en fait du danois Høvlmand, « l'homme au rabot ». En fait, en dehors de sa date de naissance qui le fit naître, selon l'horoscope chinois, l'année du... dragon, rien, et surtout pas l'hérédité, ne prédisposait Bernard à se passionner pour la zoologie. On ne s'intéressait pas aux animaux, dans sa famille, et sa mère les traitait même avec une indifférence hostile. Pourtant, il considérait qu'il était né zoologiste, comme on naît musicien. Son plus ancien souvenir — le seul sans doute — de la première année de sa vie, sera la vision d'un gros poisson échoué sur la plage de Trouville, et l'un de ses premiers jouets est un petit livre de toile représentant un alphabet des animaux en anglais, commençant avec *aardvark*, l'oryctérope (sur lequel il fera plus tard sa thèse de doctorat) et se terminant par *zebra*... Grâce à la compréhension intelligente de son père, il peut élever toutes sortes d'animaux : coccinelles, souris blanches, araignées, tritons, épinoches, etc... et recueille des hérissons, des martinets blessés ou des rats égarés... Au zoo d'Anvers, qu'il visite assidûment (ses grands-parents paternels avaient une maison à proximité, son grand-père fut d'ailleurs bourgmestre de cette ville), il passe des heures au pavillon des singes. Un jour, un gardien ayant ouvert la cage d'un jeune chimpanzé, celui-ci s'en fut tout droit vers Bernard pour le serrer dans ses grands bras. Le pacte d'amour qui, toute sa vie, liera Bernard aux singes fut signé ce jour-là dans une grande émotion partagée. En 1923, un des cahiers de Bib (son surnom d'enfant, qu'il conservera toute sa vie), intitulé *Animaux de Bib,* nous montre un phoque, un kangourou, un tapir, un perroquet, etc... etc ... dessinés par lui-même. L'année suivante il est l'auteur d'une véritable bande dessinée intitulée *Les grandes chasses de Jefke l'Intrépide,* chasses qui se déroulent sur plusieurs continents. Sur une photo datant de 1927, on voit Bernard ramasser des insectes dans les dunes de La Panne, station balnéaire belge proche de la frontière française où, jusqu'à l'âge de dix-huit ans, il passe ses vacances d'été.

Bernard Heuvelmans en vacances à La Panne, 1927
Bernard Heuvelmans during his holidays at La Panne (Belgium), 1927

Bernard Heuvelmans déguisé en Indien, 1927
Bernard Heuvelmans dressed as an Indian, 1927

Bernard Heuvelmans et son chien Timmy, 1927
Bernard Heuvelmans and his dog Timmy, 1927

C'est en 1927, après la mort de son frère Florke, qu'on offre à Bernard Timoléon (Timmy, un petit chien) qui devient un compagnon et qui lui sera arraché, ce dont il ne se remettra jamais tout à fait. Il en fit, bien sûr, le portrait.

A la même époque, il dessine le « Kraken » — à savoir une pieuvre géante qui, avec ses tentacules qu'une languette permet d'actionner, capture deux hommes sur un quai. La même année, il dessine une planche avec vingt singes, parmi lesquels se sont glissés par erreur trois paresseux, ce dont il s'amusera encore quelques décennies plus tard. En 1928, il transcrira une classification, en revanche fort valable, des vertébrés. Ses « humanités » — comme on disait naguère — c'est au collège St-Michel de Bruxelles, tenu par les pères Jésuites, que Bernard va les faire. Malgré son respect pour la formation qu'il reçut, il sortira de ce collège anti-clérical convaincu, et restera opposé toute sa vie à l'influence du christianisme sur notre conception du monde et les rapports arrogants qu'elle en traîne vis-à-vis des autres espèces.

Mais, alors qu'il est au collège, ses goûts le poussent déjà en direction de ce qui sera son destin. Il dévore la littérature zoologique que renferme la bibliothèque du collège comme il l'avait déjà fait avec la bibliothèque communale : Buffon, Cuvier, Fabre, Darwin lui apportent ainsi les premières bases de sa « culture zoologique », expression qu'il aimera employer plus tard. Il y ajoute Voltaire, qu'il adore, mais aussi des auteurs chez lesquels mystère ou aventure tiennent une grande place propre à faire rêver : Edgar Poe, Jules Verne, Conan Doyle. Il se passionne aussi pour les histoires de Peaux-Rouges et les récits de chasses (mais, plus tard, à propos de ceux-ci il précisera : *qui me firent précocement prendre en grippe la race des massacreurs* [2].) Il rêve aux exploits du génial Alexander von Humboldt, le grand naturaliste allemand, de du Chaillu, le découvreur du gorille, de Robert F. Scott, qui périt dans l'Antarctique, et aux aventures imaginaires de Tarzan, le héros créé par E.R. Burroughs... Comme on le constate, la tendance cryptozoologique transparaît déjà dans toutes ses lectures, ou, du moins, l'y mènera irrésistiblement. Il a d'ailleurs souvent rendu hommage aux trois romans qui ont plus particulièrement favorisé la naissance de sa vocation. Ce sont : *Vingt mille lieues sous les mers*, de Jules Verne, où apparaissent des céphalopodes géants (pieuvres ou calmars, on ne sait trop), *Les Dieux rouges* de Jean d'Esme [3], qui évoque des hommes-singes survivant en Indochine, et, enfin, *Le Monde perdu* de Conan Doyle, où le père de Sherlock Holmes fait survivre dinosaures, ptérodactyles et hommes-singes sur un haut plateau inaccessible d'Amazonie. Mais Bernard sera intéressé toute sa vie par d'autres énigmes que les seuls problèmes zoologiques. Ainsi, alors qu'il est en classe « 2A », il rédige un rapport intitulé *Les romans policiers que j'ai lus*. Parmi ses héros préférés figurent « *Sherlock Holmes et ses yeux gris et Hercule Poirot et son air bonasse* ». Il pense qu'un roman policier doit être rédigé dans un style clair et précis et que sa moralité doit être irréprochable : le bien doit l'emporter. Son intrigue doit être vraisemblable et enfin, il doit « *tenir le lecteur en haleine et l'étonner par un coup de théâtre final.* » La personnalité de Bernard Heuvelmans, en tant qu'écrivain, est déjà reconnaissable.

A plusieurs reprises, Bernard (qui est le petit-fils d'un couple de grands acteurs du théâtre flamand) monte sur scène lors de représentations organisées par le collège St-Michel. C'est ainsi qu'en 1933, il se retrouve dans le rôle d'Argan du *Malade imaginaire* de Molière. Il est significatif que, comme dans les autres pièces qu'il jouera ultérieurement au collège, tous les personnages féminins aient été *supprimés* (alors qu'ils auraient pu être joués par des garçons). Le 14 juillet suivant, à l'occasion de la distribution des prix, Bernard incarne Louis XI dans *Gringoire* de Théodore de Banville... En 1935, il obtiendra sa « rhétorique », aboutissement de ses études au collège.

C'est en août 1933 qu'une nouvelle aventure commence dans sa vie : il reçoit sa première trompette et obtient son premier engagement professionnel comme chanteur au Casino de Coxyde (station balnéaire belge proche de La Panne) — plus timidement, il s'y exerce comme troisième trompette parmi les *Blue Blithe Players*. Quelques mois plus tard, Bernard fait un passage, comme chanteur, dans l'orchestre *Free and Easy Club*, fondé par Pierre Gœbel, et, le 20 décembre, c'est déjà la consécration : la petite formation *Bib and (his) Bibbers* se produit un soir à la Salle Amicitia. Rentré au collège St-Michel, il y joue, en janvier 1934, le rôle-titre dans *Knock* de Jules Romains, et, à la fin de la même année, à la distribution des prix, le 14 juillet, remporte, outre plusieurs accessits, le prix de diction, qu'il partage avec un condisciple. Les 24 et

---

(2) *L'Homme de Néanderthal est toujours vivant*, p. 15.
(3) Pseudonyme du vicomte Jean d'Esmenard.

25 janvier 1935, c'est dans le rôle de Lucien Gélidon (*Les deux canards* de Tristan Bernard et Alfred Athis) qu'il se fait applaudir. Mais sa passion pour la musique de jazz l'emporte de loin sur son goût du théâtre. Or, le 9 novembre 1935, au prestigieux Palais des Beaux-Arts de Bruxelles, se déroule le quatrième Tournoi national, combiné avec le troisième Tournoi international de jazz pour orchestres amateurs. Au programme figure Bib Heuvelmans, chanteur du *Cotton Club ADO* de Bruxelles, dirigé par Peter Packay (le professeur de trompette de Bernard !).Pour cette prestation Bernard a pris le pseudonyme de Bill Hillman (« l'homme de la colline », bien sûr, mais en anglais cette fois).

Bernard Heuvelmans et sa trompette, août 1933
Bernard Heuvelmans and his trumpet, August 1933

Bernard Heuvelmans à 20 ans, 10 octobre 1936
A 20 years old Bernard Heuvelmans, October 10, 1936

Le 8 août 1936, le *Cotton Club Orchestra* se produit au Kursaal de Scheveningue — la plage de La Haye — et Bernard en est le chanteur.

Bernard Heuvelmans et son orchestre, 1936 (dernier à droite)
Bernard Heuvelmans and his band, 1936 (last on the right)

A propos d'un nouveau Tournoi aux Beaux-Arts, Carlos de Radzitztky écrit dans *L'Avant-Garde* de Bruxelles :

Heuvelmans s'est révélé un leader spectaculaire et plein d'entrain. Il fut de loin le meilleur chanteur de la soirée, et c'est probablement un des vocalistes les plus personnels et les plus swing de Belgique.

Le 27 janvier 1937, dans une école de la Grande-rue-aux-bois, Bernard prononce une conférence sur *L'homme devant le Jazz*. Il sera en effet toujours convaincu que le jazz est la « Grande Musique » du XXe siècle. Ce qui est certain, en tout cas, c'est qu'adoptée par le monde entier, elle est l'éclatante revanche des anciens esclaves sur ceux qui les vendirent et les opprimèrent. *Toque, Toque, Qui est là ?* Tel est le titre de la revue en trois actes présentée le 26 février 1937 par la Société Générale Bruxelloise des Etudiants Catholiques, avec l'orchestre *Hot and Swing ADO*. Bernard participe à cette revue sous le nom de Bibo, en référence (pleine de sympathie) à Harpo, à qui il trouve qu'il ressemble, et qui l'a toujours infiniment touché. Les comparses portent respectivement les noms de Tonio et Leonio, rappelant Groucho et Chico — autrement dit les frères Marx dont il est « fan ».
En 1936, 1937 et 1938, *Hot and Swing* est lauréat au Tournoi International de Jazz.

Le 11 février 1938, au cinéma de la très élégante avenue de la Toison d'Or, Bernard commente des disques de la nouvelle production (Jazz Hot) et le 24 février de l'année suivante, devant la section bruxelloise du Jazz-Club de Belgique, il parle de Bessie Smith avec audition de quelques disques. Gageons que ce fut très émouvant car le destin et surtout la fin tragique de celle qu'il considéra toujours comme la plus grande chanteuse de jazz, bouleversait et indignait aux larmes l'homme qu'il était. Bessie Smith, en effet, grièvement blessée dans un accident d'auto et perdant son sang, est morte faute de soins, ayant été successivement refusée par tous les hôpitaux de Memphis où on l'amenait, et cela *parce qu'elle était noire*. S'il ne devait jamais pardonner à sa mère la mort de Timmy, il ne pardonna jamais à une certaine Amérique raciste la mort de Bessie Smith. En effet, bien qu'il eût un sens aigu de la dérision, et fut capable de plaisanter de tout, y compris de lui-même, certaines choses lui déchiraient le cœur trop profondément pour qu'il pût s'en détourner ou en sourire. C'était chose rare, mais les comportements racistes furent de celles-là, comme la cruauté envers les animaux (mais n'est-il pas vrai que ces deux attitudes procèdent de la même arrogante stupidité ?). Pourtant, Bernard n'avait rien d'un sinistre prêcheur, bien au contraire, et l'on est en droit de supposer que le diplôme suivant, reçu en juin 1939, dut l'amuser :

Nous [suivent plusieurs noms] *officiers, avons décidé de décerner à Bib, poil et leader du* Hot and Swing, *l'Ordre de l'Intégrale au titre de Chevalier, pour sa collaboration désintéressée aux fêtes de la Vulcania, le 15 juin 1939.*
Grand Maître / Commandeur / Officiers / Titulaire
(Signatures)

*Louis Armstrong, photo dédicacée à Bib
Heuvelmans, novembre 1934
Louis Armstrong, picture autographed to Bib
Heuvelmans, November 1934*

*Duke Ellington, photo dédicacée à Bib
Heuvelmans, avril 1939
Duke Ellington, picture autographed to Bib
Heuvelmans, April 1939*

*Bernard Heuvelmans et Coleman Hawkins, 1937
Bernard Heuvelmans and Coleman Hawkins, 1937*

Bernard est alors devenu rédacteur au journal *Music* dont il possédait la carte de presse. Il se lie d'amitié avec les plus grands noms du jazz et il en reçoit les dédicaces les plus prestigieuses : celles de Louis Armstrong, de Ray Ventura et ses collégiens, de Layton et Johnstonne, de Coleman Hawkins, de Duke Ellington, etc. A propos de Coleman Hawkins, notons que *Hot and Swing ADO* (et donc « Bib ») s'étaient produits après lui, le 13 avril 1938, au Palais des Beaux-Arts de Bruxelles.

C'est ainsi que Bernard et Coleman devinrent des amis. Mais le côtoiement entre musiciens n'explique pas ce quelque chose de magique qu'Alika Lindbergh — Monique Watteau — alors mariée à Bernard, observa par une froide nuit d'hiver, au début des années 50, rue de l'Odéon : Bill Coleman — un autre « grand » du jazz — et Bernard se rencontrèrent par hasard, et, avec de grands rires chaleureux, tombèrent dans les bras l'un de l'autre. Cette chaleur, une passion commune pour la musique ne peut suffire à l'expliquer. Elle pense qu'il y avait, entre Bernard et les musiciens de jazz afro-américains, une sorte de fraternité spontanée qui l'avait souvent frappée. Elle dit : « Bernard se *sentait* Noir, et, plus étonnant, les Noirs le sentaient comme un des leurs. » Après une nouvelle conférence sur Bessie Smith, avec audition de disques, en février 1939, Bernard va recevoir en mai de la même année un télégramme qui le ravit : « Vous êtes gagnant examen crochet Monsavon du 29. Vous enverrons votre prix par la poste. Félicitations. Radio-Cité ».

Il faut rappeler qu'à l'époque les crochets, très en vogue, étaient des compétitions de chanteurs amateurs, très dures et impressionnantes, car le public pouvait interrompre ceux-ci par des huées puis par un grand coup de gong, s'ils chantaient médiocrement. « Bib » avait fait un triomphe ...

Bernard Heuvelmans et son orchestre au crochet Mon Citron, 1939
Bernard Heuvelmans and his band participating to the Mon Citron contest, 1939

Un article d'Albert Bettonville paru dans *Music* en juillet-août 1939 nous donne un aperçu de ce que Bernard pouvait être alors :
Il y a sept ans [écrit-il] *Bib Hillman jouait brillamment le personnage principal dans une pièce de Molière. Mais depuis, il a entendu* Westend Blues *de Louis Armstrong ...*
Il y eut d'abord une timide tentative d'orchestre qui échoua faute de musiciens. Bib Hillman apprit à cette époque à jouer de la trompette avec Peter Packay, mais dut en abandonner l'étude à cause de ses voisins d'appartement.
Mais le « feu » du jazz le brûlait et se manifestait surtout chez lui par un besoin de s'exalter vocalement, et d'exprimer ainsi, avec swing, ses joies et ses peines.
Il chante pour lui-même sur les plages ensoleillées, à l'heure où la marée est haute, et, à l'aube, dans les rues. Il ne chante pas longtemps pour lui seul.

Bernard Heuvelmans et son orchestre, 1938
Bernard Heuvelmans and his band 1938

Selon les amateurs éclairés de l'époque, Bernard fut le premier en Belgique, à mériter le titre de chanteur de jazz. Il peut paraître singulier de voir ainsi le futur grand savant s'adonner à un art bien éloigné de ce que serait sa destinée scientifique. Mais en fait, dès qu'on découvre ce que furent vraiment les grands noms de la science ou des arts, on s'aperçoit que presque tous ces hommes, connus pour une œuvre particulièrement frappante, furent doués dans de multiples disciplines (ce qui a d'ailleurs toujours agacé les sous-doués, en particulier à notre époque de spécialisation à outrance !). Ce furent souvent les hasards (à moins qu'on ne croit à d'intelligentes décisions du destin) qui décidèrent de la direction définitive des « touche-à-tout » de génie, et les changèrent en eux-mêmes. Ce fut le cas pour Bernard car, à l'époque où nous sommes, sa vie est émaillée d'événements déterminants, d'autant que la Seconde Guerre mondiale menace et qu'après elle, la face du monde va beaucoup changer.

II. Un Prince de la Renaissance

Bernard se plaisait à dire avec malice qu'il avait consacré sa thèse de doctorat à l'étude de la dentition... d'un édenté. L'oryctérope, dont il s'agit, est un mammifère singulier qui habite toute l'Afrique tropicale et qui ressemble assez vaguement à un cochon, avec sa peau presque dépourvue de poils et son long groin. Ses grandes oreilles dressées à la verticale et sa queue puissante contribuent encore à son étrange allure. De ses fortes griffes, il se creuse un vaste terrier où toutes sortes d'animaux — jusqu'à des phacochères ! — viennent chercher refuge. Lui-même n'en sort que la nuit pour manger fourmis et termites.

Souvenons-nous que l'un des tout premiers jouets de Bernard enfant fut un alphabet des animaux commençant par l'*aardvark*, c'est-à-dire, en afrikaner et en anglais, le « cochon de terre » — autrement dit l'oryctérope. Dans les années 30, sa passion du jazz n'a pas éloigné Bernard de la zoologie, bien sûr, puisqu'il était, selon ses propres termes, né zoologiste. De 1935 à 1939, il poursuit donc ses études de Sciences Naturelles à l'Université Libre de Bruxelles, et y obtient en juillet 1938, la deuxième licence en sciences biologiques — avec grande distinction.

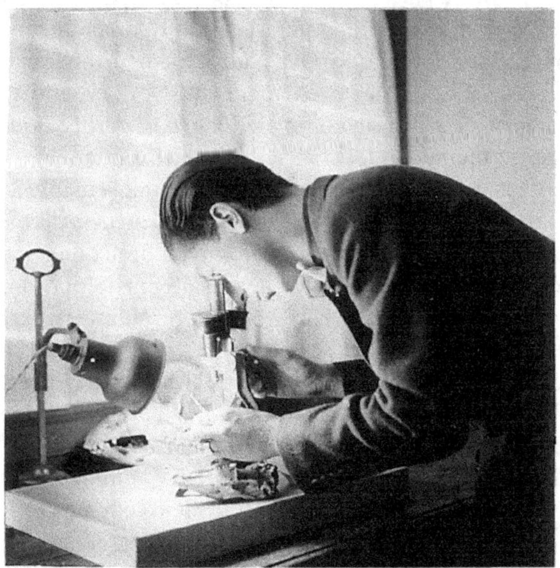

Bernard Heuvelmans pendant ses années à l'Université Libre de Bruxelles, 1935-39
Bernard Heuvelmans during his years at the Université Libre de Bruxelles, 1935-39

Bernard Heuvelmans pendant ses années à l'Université Libre de Bruxelles, 1935-39
Bernard Heuvelmans during his years at the Université Libre de Bruxelles, 1935-39

Il rêve toujours d'aventures scientifiques, mais les projets qu'il formera dans ce sens avorteront, à cause de la guerre. Ainsi, il s'était aussitôt proposé pour descendre dans les grands fonds marins à bord du bathyscaphe du professeur suisse Auguste Piccard. Celui-ci, qui enseignait à Bruxelles, venu au laboratoire où travaillait Bernard, y cherchait un volontaire qui, outre sa formation scientifique, ne manquerait pas de courage.

Bernard doit également faire partie en tant que zoologiste, de l'expédition que prépare le marquis de Wavrin, excellent connaisseur de l'Amazonie : son but sera la découverte des sources de l'Orénoque. Dans *Sur la piste des bêtes ignorées* [4] où il relate ce projet avorté à cause des événements qui vont ensanglanter l'Europe, Bernard décrit le marquis de Wavrin comme « *un grand diable émacié au regard froid et inquisiteur* », et même s'il lui consacre un texte en flamand, on devine que le courant ne passait pas vraiment entre eux. Bernard était sensible à la chaleur humaine, on l'a déjà deviné, et avait horreur des « *regards froids et inquisiteurs* ». Heureusement, cette guerre qui arrête ses projets aventureux ne l'empêche pas, en tout cas, de soutenir sa thèse de doctorat, avant de participer, comme tous les jeunes Belges de son âge, malgré son pacifisme viscéral, mais aussi avec le scrupuleux sens du devoir qui le caractérisera toute sa vie, aux combats brefs et violents de 1940. La thèse de Bernard Heuvelmans est demeurée historique dans les annales de la zoologie : « *Oh ! Heuvelmans... oui, il a fait un travail scientifique considérable ! C'est grâce à lui qu'on a pu classer...* » Et classer quoi ? L'oryctérope, bien sûr. A l'époque en effet, ce curieux animal est classé parmi les mammifères, dans une sorte de groupe fourre-tout : les « édentés » — d'autant plus mal nommés que certains d'entre eux (c'est son cas) possèdent des dents, même si elles sont assez particulières. Ces « édentés » donc, étaient les paresseux, tatous et fourmiliers d'Amérique tropicale, les pangolins d'Afrique et d'Asie du Sud-Est, et l'oryctérope, lui strictement africain.

(4) Edition de 1955, tome 2, pp. 61-62.

Si Bernard décide de s'attaquer au problème posé par la dentition de l'oryctérope, c'est que ses dents sont effectivement très étranges : elles se présentent comme des faisceaux de prismes hexagonaux d'ivoire. Il examine minutieusement tous les crânes d'oryctéropes disponibles en Belgique et en France, et une tête complète de l'animal — qu'il dissèque avec soin — que son maître en mammalogie, le docteur Serge Frechkop, a rapporté du Congo belge. Bernard, disons-le tout de suite, fut très marqué par Frechkop, ses idées géniales, son anticonformisme et sa bonté. Toute sa vie, il rendra hommage à l'œuvre et à l'homme, dont l'influence bénéfique se retrouve à de nombreuses reprises dans son propre parcours. Serge Frechkop, Juif russe immigré, avait traversé des tragédies qui bouleversaient son élève et qui l'attachèrent doublement à lui. Bernard pratique donc d'innombrables coupes longitudinales et transversales dans des dents et des mandibules d'oryctérope. Il découvre alors que les prismes hexagonaux sont en réalité les fourreaux des digitations d'une dent multi tuberculée autant qu'il est possible, autrement dit d'une dent dont les tubercules s'étaient énormément multipliés. En comparant leur nombre de tubercules, on en trouve quatre pour la troisième molaire de l'hippopotame, vingt-cinq chez le phacochère, près de quatre-vingt-dix chez l'éléphant d'Asie, mais *1500* dans la deuxième molaire de l'oryctérope ! C'est à Bruxelles, le 14 juillet 1939 qu'arrive le grand moment : Bertrand Heuvelmans soutient sa thèse à la Faculté des Sciences. Le titre exact en est : *Contribution au problème de la dentition chez les ongulés aberrants* (Tubulidentés et Siréniens) — les Tubulidentés ne comprenant d'ailleurs que l'oryctérope. Il y évoque dès l'abord le « *principe de Compensation* » développé par Goethe dans son poème traitant des Métamorphoses des Animaux ! On oublie trop souvent que Goethe fut aussi un scientifique, et notamment un biologiste. Selon la loi de compensation, le même organisme peut combiner des caractères très archaïques et d'autres très évolués.

Bernard Heuvelmans soutenant sa thèse, 14 juillet 1939
Bernard Heuvelmans defending his thesis, July 14, 1939

A la thèse principale s'ajoute — comme en France — une deuxième thèse, elle-même divisée en deux parties : *1. La forme crânienne humaine est la plus primitive dans le groupe des primates. 2. Les anthropomorphes asiatiques et africains ont évolué dans des sens tout à fait différents et doivent être séparés.* Bernard, ayant désormais gagné haut la main son titre de docteur ès sciences dont il sera toujours très fier, va consacrer un numéro entier du *Bulletin du Musée Royal d'Histoire Naturelle de Belgique* au *Problème de la dentition de l'oryctérope.* Il a vingt-quatre ans. Le professeur Pierre-Paul Grassé, l'un des plus grands biologistes français du XXe siècle, se lançait peu de temps après dans la publication d'un colossal Traité de Zoologie et il écrivit à Bernard en 1943, une lettre lui demandant de bien vouloir rédiger le chapitre des Tubulidentés. Mais en 1943, les événements ne le permirent pas, et ce fut Grassé lui-même qui écrivit le chapitre où le nom de Heuvelmans revient moult fois, ce qui n'est, bien sûr, que justice. Dans ces vases clos que furent les pays occupés, coupés du reste du monde, il faut dire qu'il y eut une efflorescence des arts, de la pensée et des sciences, comme si ces activités de l'esprit — libres par essence — tentaient de faire éclater une prison invisible. Etrangement, ce fut, sur le plan culturel, une période très riche. Sur la lancée de sa thèse, Bernard publie ainsi, en 1941, 1942 et 1943 des *Notes sur la dentition des siréniens* qui occupèrent cinq numéros du même *Bulletin du Musée Royal d'Histoire Naturelle de Belgique.* Rappelons que les Siréniens sont des mammifères aquatiques et herbivores, représentés actuellement par les lamantins d'Afrique et d'Amérique et le dugong de l'Océan Indien, des animaux doux, calmes, et, bien sûr, inoffensifs, proies faciles pour « *la race des massacreurs* ». Ils n'en furent que plus chers à Bernard et on les retrouve dans son œuvre cryptozoologique, comme d'ailleurs, l'oryctérope. Dans les années 40, le jazz et la zoologie coexistent encore dans la vie de Bernard, réalisant entre eux une sorte de synthèse équilibrée. C'est dans les milieux du jazz que Bernard rencontre Françoise Ortega, qui a quitté son pays exotique d'origine, la République Dominicaine, pour les « ciels brouillés » de la pluvieuse Belgique. Elle est très belle et très attirante : il l'épouse en 1939 et le 25 avril 1940, quinze jours avant l'invasion des Allemands, naît Anita. En 1942, le 14 juillet, naîtra Ronald, son frère.

Bernard Heuvelmans et Françoise Ortega
Bernard Heuvelmans and his wife Françoise Ortega

Bernard Heuvelmans et sa fille Anita
Bernard Heuvelmans and his daughter Anita

De gauche à droite: Françoise Ortega, Ronald, Bernard Heuvelmans, Anita
From left to right: Françoise Ortega, their son Ronald, Bernard Heuvelmans, their daughter Anita

La Belgique est alors en guerre, puis occupée. En 1940, Bernard, maréchal des logis à la D.T.C.A. (forces de défense anti-aérienne) se retrouve sur le terrible champ de bataille de la Lys, en Flandre. Sa pièce de D.C.A. y subit les attaques en piqué, terrifiantes, des « Stukas », ces extraordinaires avions allemands très en avance sur les avions français ou belges d'alors. L'efficacité de ces appareils s'accompagnait d'un bruit strident, propre à éveiller l'épouvante de ceux qui l'entendaient pour la première fois.

Sous leurs attaques répétées, Bernard faillit bien laisser sa vie dans une « poche », désormais encerclée par les Allemands, et ne dut sans doute la vie qu'au roi Léopold III, commandant en chef des armées belges qui (comme son père le roi Albert Ier le fit en 1914-1918) se trouvait au front, sur la Lys, et en première ligne. Comprenant que ses troupes allaient être inutilement sacrifiées, cet homme d'une exceptionnelle intelligence, doté d'une personnalité fracassante qu'on lui fit payer cher plus tard, capitula le 28 mai 1940, sauvant la vie d'un grand nombre de jeunes hommes. Bernard, que les manipulations politiques ne convaincraient jamais, n'oublia pas ce que les troupes belges encerclées devaient à Léopold III, qui serait au demeurant, plus tard, un grand amateur de recherches zoologiques et un défenseur de la nature sauvage, ami d'André Capart, lui-même grand ami de Bernard... « *Le monde est petit* » comme le disait souvent Bernard.

Mais, en fin mai 1940, il marche avec ses compagnons dans les longues colonnes de prisonniers en route vers les « stalags » allemands. Bien trop intraitable pour se comporter en mouton de Panurge, et profitant de l'inattention de sentinelles allemandes débordées, Bernard se jette dans les broussailles du fossé qui longe la route et retrouve la liberté — très provisoire, car il est aussitôt repris ! Après trois autres tentatives infructueuses, il réussit finalement à s'évader, ce qui lui évitera quatre ans de pénible captivité dans les stalags. La Science y a gagné...

Dès 1941, il reprend donc ses activités de jazzman. A partir de cette année-là, il exploite avec sa compagne Maguy et son ami Albert Bettonville *La Nouvelle-Orléans*, un cercle privé de Bruxelles où, bien sûr, il chante et dirige son orchestre, mais dont il assurera aussi avec amour la décoration, d'un goût exquis et raffiné. Ici apparaît Marthe, qui va devenir, grâce à lui, l'excellente chanteuse Martha Love. Agée de dix-sept ans et fort jolie, elle se contente de fredonner parfois des airs de jazz... mais, dès que Bernard l'entend, il sent le potentiel dissimulé dans ses timides essais, et peu à peu il lui apprend à chanter pour de bon, puis l'incite à se produire dans son orchestre. Il semble que Bernard ait eu, tout au long de sa vie, le désir d'être un Pygmalion et il y réussit d'ailleurs fort bien, car il avait le flair pour cela : Monique Watteau-Alika Lindbergh explique d'ailleurs dans son livre [5] tout ce qu'elle doit à Bernard, qui l'a poussée à peindre et à écrire, lui prodiguant toute l'aide et les conseils qui pouvaient l'y aider. Il ne faut donc pas s'étonner que Martha Love ait eu un succès grandissant et, après avoir figuré au même programme que Tino Rossi, finit par conquérir Paris, puis continua une belle carrière aux Etats-Unis.

Martha Love

(5) *Testament d'une fée,* E-dite, 2002.

Pour lui-même aussi, Bernard est plein d'ambition : il aimerait devenir un Pic de la Mirandole [6] moderne, et embrasser toutes les branches du Savoir. Son rêve, c'est l'humanisme scientifique, et il commence à publier dans ce sens des chroniques dans lesquelles se révèle la gigantesque étendue de sa culture. C'est, d'abord, dans l'hebdomadaire *Cassandre*, une chronique intitulée *Regards sur la Science*, puis une collaboration fréquente au grand quotidien belge *Le Soir*, sous le titre *Chronique de l'Humanisme scientifique*.

A l'époque commençait déjà la spécialisation des hommes de Science devenue extrême, voire aberrante aujourd'hui : les ambitions de Bernard, vues sous cet angle, semblent démesurées (mais elles ont un je-ne-sais-quoi de « de Vincien » très rafraîchissant). Qu'on en juge par le programme auquel il veut s'atteler :

Dégager les grandes lignes de la structure de l'univers, puis se concentrer progressivement sur la Galaxie, le système solaire, la planète Terre. Etudier celle-ci sous l'angle géologique puis tenter de retracer la façon dont la vie y est apparue et s'y est répandue. Faire revivre les étapes de l'évolution des êtres vivants et l'origine de l'Homme. Montrer la complexité de la machine humaine et celle de son esprit, par lequel il cherche à comprendre les mystères du monde.

« ... *Et alors, nous aurons bouclé la boucle* », écrit Bernard à la fin de son article *Invitation au voyage* [7] où il dévoile les étapes de cette exploration entre deux infinis, l'Infiniment grand et l'Infiniment petit.

Le journalisme va cependant devenir un cadre trop étroit pour l'expression de sa culture encyclopédique. Aussi décide-t-il d'entreprendre une série d'ouvrages sur les thèmes qui lui tiennent à cœur. Bien que le projet soit gigantesque, Bernard a la chance de trouver un éditeur prêt à accueillir une telle entreprise : c'est Gérard Delforge, qui dirige la maison d'édition du même nom, partagée entre Bruxelles et Paris.

Le premier livre paraît en 1944 : c'est *L'Homme parmi les étoiles*. La couverture montre un astronome d'autrefois, observant le soleil, la lune et les étoiles. Il aura un énorme succès : non seulement il est passionnant, mais il est compréhensible par tous. Bernard a en effet observé dans tous ses ouvrages, une règle d'or : pas de jargon scientifique, pas de style abscons. « *Ce que l'on conçoit bien s'énonce clairement* ».

L'Homme parmi les étoiles
Man Among the Stars (Bernard Heuvelmans' first book)

(6) Pic de la Mirandole était un savant et philosophe italien du XVe siècle qui se vantait de pouvoir disserter sur tout ce que l'on pouvait savoir : *de omni re scibili...*
(7) Paru dans *Le Soir* du 11 juin 1942.

En tête du livre, publié (encore) sous contrôle allemand, Bernard écrit :

Ce livre est dédié aux astronomes, physiciens et mathématiciens qui ont donné à no-tre Univers son visage actuel, et aux grands vulgarisateurs qui l'ont fait vivre sous nos yeux. Il parle un langage forgé par des hommes de tous pays, de toutes races, de toutes croyances.

Qu'il soit, au milieu des discordes sanglantes, comme un message de paix. Petit pied de nez à « ce qui ne se fait pas », cet ouvrage « sérieux » est illustré par cinquante dessins de l'humoriste Léo Campion.

A la suite de *L'Homme parmi les étoiles*, Bernard projette de publier :

L'Homme au creux de l'atome
L'Homme et la machine ronde
L'Homme et le mystère de la vie
L'Homme vu par lui-même
L'Homme et son âme
et encore
Trouver l'Homme
L'Humaniste sceptique

L'Homme au creux de l'atome
Man in the Depths of the Atom

En 1945 paraît en effet *L'Homme au creux de l'atome*, mais aux éditions du Sablon (les éditions Gérard Delforge ayant été balayées par la vague d'« épuration » consécutive à la Libération). En couverture, on voit une sorte d'alchimiste. Ce livre est impossible à résumer, car ce sont toutes les bases de la physique qui sont exposées ici : radioactivité, mécanique ondulatoire, théorie des quanta, défilent au long des chapitres où reviennent fréquemment les noms de Niels Bohr, Max Planck, Albert Einstein, Louis de Broglie. Egayé, lui aussi, par les dessins de Léo Campion, le livre l'était surtout par le don de vulgarisateur de Bernard et son humour : anecdotes, comparaisons, digressions permettent à quiconque sait lire d'assimiler un sujet a priori indigeste. Sans oublier les épigraphes en tête de chapitre qui seront toujours un des délices des livres de Bernard.

Léo Campion
Léo Campion (Bernard Heuvelmans' first illustrator)

L'un des chapitres (p. 128) commence ainsi :
Il est parfois ahurissant pour le profane de constater sur quels faits d'apparence in-signifiante peuvent reposer les grandes révolutions de la Science.
Et de citer divers exemples empruntés tant au monde de la physique (Michelson et Morley) qu'à celui de la biologie (De Vries, Morgan). Une liste qu'on pourrait allonger à l'infini. Bernard n'a-t-il pas été toujours partisan d'une Science dépourvue de gros moyens matériels et d'appareils complexes, mais néanmoins féconde ? 1945 est en tout cas une année d'activités multiples pour Bernard que le démon du jazz n'a pas lâché. Dans son n° 5, paru en 1945, la revue *Jazz* de Bruxelles présente Bernie Hillman comme « le seul chanteur continental qui chante le blues à la manière traditionnelle » (c'est-à-dire comme les Noirs) — au point même que les Américains de Brooklyn le considèrent comme un des leurs. Tant et si bien que le Special Service de l'armée américaine l'engage avec son orchestre Bernie Hillman and his Gut Bucket Six après le succès qu'il a remporté comme animateur et chanteur au Cosmopolite devant des militaires alliés, surtout canadiens. Le voici donc en uniforme américain, tout à la fois chef d'orchestre, chanteur, et Master of Ceremonies dans les camps de repos de l'armée des U.S.A..

Bernard Heuvelmans, entre Noël 1944 et mai 1945
Bernard Heuvelmans, between Christmas 1944 and May 1945

Bernard Heuvelmans en uniforme américain, 1945
Bernard Heuvelmans in his american uniform, 1945

Son orchestre et lui-même se produisent surtout au Château d'Ardenne et à Gosselies, dont le public évolue en même temps que la guerre : d'abord composé essentiellement d'officiers blancs, puis de G.I.'s blancs, et enfin, pour la plus grande joie de Bernard, de militaires noirs de tous grades, avec lesquels il se sent infiniment mieux. Le succès est immense. « Il ne s'en remettra jamais », écrira-t-il de lui-même à ce propos, avec l'ironie qui lui est si particulière, mélange de pessimisme et d'autodérision, de mélancolie et de drôlerie.

Après le départ du gros des troupes américaines, en 1946 et 1947, le *Gut Bucket Six* travaille encore un peu — y compris à Paris, en octobre 47 — mais, pour Bernard, la carrière de musicien de jazz, d'abord semi-professionnelle, puis professionnelle, touche à sa fin, malgré le référendum organisé par le *Hot Club Magazine* qui l'avait sacré, par 1811 voix, premier chanteur de jazz en octobre 1946. Car c'est alors que se situe le dernier acte d'un épisode très perturbant pour l'homme épris de liberté et de justice qu'il était : le 4 mars 1947, c'est le jugement rendu en audience publique par la deuxième chambre du Tribunal de Première Instance de Bruxelles. Il y comparaît en personne en tant qu'opposant contre le ministère public. En effet, il a fait opposition, en mai 1946, à la décision prise à son encontre, qui le déchoit « des droits repris à l'article 123 6° du Code Pénal ». Pourquoi donc cet honnête homme, apolitique s'il en fut, est-il déchu de ses droits civiques ? Pour avoir collaboré à *Cassandre* qui, d'après le texte du jugement était « un des journaux les plus pernicieux qui paraissaient sous l'Occupation » et aussi, bien entendu, au *Soir*. Peu importait qu'il s'agit d'articles scientifiques, peu importait que Bernard y ait fréquemment bafoué des principes chers à l'occupant — il n'avait qu'à *ne rien* publier.

Certes, le jugement précise :

Attendu qu'il ne peut être contesté que les articles incriminés avaient un caractère scientifique et ne touchaient pas au domaine politique, qu'il s'est avéré qu'ils n'ont pas blessé le sentiment patriotique de la population.
Attendu que l'opposant soutient qu'il a toujours été animé de sentiments patriotiques et que son hostilité au régime hitlérien apparaît dans maints passages de ses articles, au point que des lecteurs dont le patriotisme est au-dessus de tout soupçon

lui ont adressé des lettres d'encouragement ; qu'il en conclut qu'on ne peut lui appliquer les sanctions édictées par l'arrêté-loi du dix neuf septembre mil neuf cent quarante cinq, vu que celles-ci, suivant le rapport du Régent, ne peuvent atteindre que les cas certains d'incivisme.

Mais, malgré ces « Attendu que... », Bernard restera inscrit sur « la liste dressée par Monsieur l'Auditeur Militaire ». On l'a compris : Bernard a été victime de la tristement célèbre « Epuration » (on dirait aujourd'hui « la chasse aux sorcières ») qui, en Belgique comme en France, frappa tant d'écrivains qui avaient commis le seul crime de continuer à vivre et à produire sous l'Occupation, même si leur antipathie pour le nazisme était patente. Cet épisode, d'une flagrante injustice, devait créer une brèche entre Bernard et une certaine Belgique. Il en parlait parfois avec amertume :

... Je sais ce que c'est que d'être réveillé au petit matin, sous l'Occupation, par des représentants du Sicherheits Dienst que la teneur de mes écrits indisposait, et d'être paradoxalement jeté en prison à la Libération par des maquisards de pacotille, armés jusqu'aux dents et assoiffés de violence, qui me reprochaient d'avoir publié ces mêmes écrits.[8]

Dans la prison où il s'était retrouvé quelques mois, et où il partageait une cellule froide et exiguë avec plusieurs détenus de toutes sortes, il se lia d'amitié avec un Juif rescapé des camps nazis et arrêté par des Résistants (ou prétendus tels) parce qu'il parlait allemand — sa langue maternelle. Toujours souriant, dynamique, et doué de ce merveilleux humour juif qui a contribué à en sauver plus d'un... Bernard l'admirait et l'aimait. Il se moquait de lui-même, se disant « en taule pour avoir fui la captivité ». Il s'appelait René Goldstein et Bernard en garda un souvenir ému. Bien plus tard, lorsqu'il reçoit une lettre de R. Goldstein, cela lui fait un coup au cœur. Bien sûr, il ne s'agit pas de son compagnon d'infortune, mais d'un jeune médecin amateur de cryptozoologie, avec lequel, par un étrange clin d'œil du destin, il va entretenir une relation d'amitié profonde. A la fin de sa vie, ce sera Richard Goldstein, remarquable acupuncteur — l'acupuncture était la seule médecine dont Bernard admettait l'efficacité — qui l'assistera jusqu'à sa mort, faisant en sorte, puisque, de toute évidence, la fin était inévitable, de l'aider à y aller sans dépression, sans douleur, le « mieux possible », et cela grâce à de petites aiguilles... Son dernier ami, alors que, grabataire, il ne quittait plus sa chambre, lui rappelait irrésistiblement son compagnon de captivité : c'était un de ces étranges signes auxquels Bernard fut toujours attentif, intrigué par leur fréquence dans sa vie, et leur résonance profonde. Bien que blessé par l'injustice de son emprisonnement et de ses suites judiciaires, Bernard ne se laisse pas abattre. Au mois de juin suivant, il obtient une carte de presse — en tant que critique cinématographique au journal *Pan* (le *Canard enchaîné* belge, en quelque sorte) et, l'année suivante, revient à son projet de publier une série de livres sur *L'Homme devant les mystères*, avec, entre autres sujets, la question singulière : « Y a-t-il des fossiles attardés (dinosaures, mammouth, etc.) ? »

(8) *L'Homme de Néanderthal est toujours vivant*, p. 316.

De la fin des années 40 au début des années 50, l'activité de Bernard dans le domaine de la vulgarisation scientifique est intense. Il publie notamment de nombreux articles au cours de 1947 dans une revue belge d'excellente qualité, *Europe-Amérique*. Il les signe du pseudonyme de Dr Simon Obispo.

Bernard Heuvelmans, 1947

L'un d'eux est consacré à la *Révolution dans l'automobile* : 150 CV, 8 litres aux 100... Paradoxal en apparence car Bernard ne voudra jamais posséder une voiture, ni apprendre à conduire. Mais cela, n'est-ce pas, n'empêche pas de penser ! Il publie également un article sur le jazz. *Le Figaro*, le grand quotidien français, lui ouvre ses colonnes et en 1947 il y écrit un article sur l'expédition Byrd au Pôle Sud intitulé *Au milieu des glaces, une oasis grande comme un département français...* avec des sources bouillonnantes. D'autres articles vont suivre, aux titres alléchants : *Les Etats-Unis ont failli perdre la guerre à cause de la stupidité des militaires et des politiciens, Le climat de Bruxelles deviendra-t-il semi-tropical ?, L'Homme préhistorique a-t-il vécu sur le continent où jamais une femme moderne n'a mis les pieds ?*

Dans les archives de Bernard, les références de parution de certains articles manquent. C'est très rare, compte tenu de l'ordre quasi maniaque qui préside au classement de tout son travail mais ça arrive : par exemple, un intéressant article sur la boxe et notamment sur la physiologie du K.O., a-t-il paru et où ? Un autre demande Pourquoi Hitler n'a-t-il pas eu la bombe atomique ? Bernard y conteste la thèse selon laquelle une grande partie de la physique aurait été rejetée par les Allemands parce qu'elle était l'œuvre de savants juifs à commencer par Einstein. Or, leurs travaux étaient bel et bien diffusés en Allemagne. « *En fait*, écrit Bernard, *la bombe atomique est le couronnement des travaux d'un quarteron de savants, parmi lesquels on reconnaît pêle-mêle des Alliés et des ressortissants de l'Axe, Français, Allemands, Autrichiens et Anglais, Norvégiens et Italiens, Américains et Japonais* ». Et il souligne que tout le monde, dès 1939, connaissait le principe de la bombe. Mais sa réalité paraissait alors très lointaine.

Les Allemands furent néanmoins à deux doigts de réussir avant la fin de la guerre, mais ils ne purent mener leur entreprise à bien en raison de vicissitudes administratives, d'un manque de moyens financiers, de l'absence de matériel adéquat et aussi à cause de l'insuffisance des gisements d'uranium tchèques, les seuls disponibles pour eux. On peut s'en réjouir ! Toujours aussi éclectique, Bernard publie dans *Constellation* de septembre 1948, un article intitulé *Vivre plus vieux et rajeunir* et commence à collaborer à *Caliban,* un mensuel dirigé par Jean Daniel, où il voisine avec Albert Camus, Louis Jouvet, Henry Poulaille, Armand Lanoux, etc.
Progressivement, et de plus en plus, c'est en France, à Paris, qu'il vit et travaille. La cassure due à la « chasse aux sorcières » en a insidieusement décidé, et c'est bien ainsi. D'autant que sans conteste Paris est un endroit plus propice que la Belgique si on veut vivre de sa plume : éditeurs et journaux y sont plus nombreux et, détail important si l'on a des revenus modestes, ou même si on est pauvre (mais qu'on a du talent !), on y est traité avec égards. Bernard va donc s'y installer — seul — dans un hôtel meublé de la rue Marbeau, entre la porte Maillot et la porte Dauphine, à proximité du Bois. C'est vrai qu'en 1946, quelques années après avoir divorcé de Françoise, il a épousé Jacqueline, une Américaine infirme qu'il avait rencontrée en 1943. Mais, exaspérée par les moyens financiers réduits de son mari, elle refuse de l'accompagner rue Marbeau où une chambre-salle de bain lui paraît inconfortable. Ils divorcent finalement après presque dix ans de tracasseries judiciaires sordides.

Monique Watteau, dans l'appartement de la rue Marbeau, 1951
Monique Watteau, in their rue Marbeau flat, 1951

C'est peu de temps après son installation rue Marbeau que le destin fait à Bernard un cadeau qui se révélera indestructible : sa rencontre avec Monique Watteau, qui va jouer un rôle décisif dans son existence. Par un de ces étranges hasards qui ont une couleur de destinée, il la rencontre... à Bruxelles, lors d'un de ses brefs séjours chez ses parents, et au moment où elle-même s'apprête à venir vivre à Paris. Comédienne au Théâtre du Parc, entre autres, elle est la fille du poète belge Hubert Dubois. Elle a étudié le dessin et la peinture à l'Académie Royale des Beaux-Arts de Liège, tout en suivant des cours d'art dramatique au Conservatoire, dans le but (inavoué) de faire non du théâtre mais du cinéma. Bernard en tombe amoureux fou, non seulement parce qu'il la trouve ravissante, mais parce que, rentré à Paris, il reçoit d'elle des lettres, illustrées de dessins qui le remplissent d'enthousiasme : jamais, dira-t-il, il n'a rencontré quelqu'un comme elle. Et, même à la fin de sa vie encore, il dira qu'elle a été « *la personne la plus extraordinaire que j'ai rencontrée, homme ou femme* ».

Nous reviendrons à plusieurs reprises sur cette rencontre, décisive pour l'un comme pour l'autre, qui fut sans conteste l'une des plus valables de leurs vies respectives. Au début de leur vie commune, la revue *Don Quichotte* demande à Bernard de nombreux articles. Il entretient d'excellents rapports avec son directeur et prend plaisir à cette collaboration qui fut assez féconde. Certains articles ont des titres prophétiques, comme : *La race blanche va disparaître* ou *Les mouches ont vaincu le D.D.T.*, *La cortisone sera-t-elle demain démocratisée ?* (sous le pseudonyme de Dr S. Lévêque), *Un traitement révolutionnaire des membres gelés*. Il collabore toujours, ponctuellement, à *Pan*, à *La Bataille* et aussi à la revue *Enquêtes* pour laquelle Monique Watteau fait des illustrations et pose nue. C'est une revue dite « érotique » (pour l'époque !) mais d'un niveau excellent, où paraissent de très beaux textes, parfois, comme d'ailleurs la remarquable étude de Bernard sur *Le sex-appeal* et une autre sur le thème *Pourquoi s'habille-t-on ?* Il y publie aussi des nouvelles érotico-policières bien structurées, qui se lisent agréablement et se terminent toujours par une solution inattendue : *Attention à la peinture*, *L'auto-stoppiste nue*, *Histoire de voir*, *Une étrange histoire de perversion sexuelle*, et enfin *La succube* — conte d'angoisse. Ces nouvelles sont tantôt illustrées par Monique, tantôt par un dessinateur mi-réaliste, mi-caricatural dénommé Pichard que Bernard appréciait parce qu'il dessinait les jolies femmes avec beaucoup de sensualité. Ces contes, signés parfois Barney Hillman (presque son ancien pseudonyme de jazzman) laissent transparaître les qualités et les centres d'intérêt de leur auteur : clarté du style, culte de la beauté féminine, intérêt passionné pour le monde animal et pour les mythes. Pour Bernard, c'était un travail « alimentaire », mais il le faisait bien parce qu'il était incapable, soigneux et perfectionniste comme il l'était, de bâcler quelque texte que ce fût

Son cadeau d'adieu au jazz, c'est un livre qui paraît en 1951 : *De la Bamboula au Be-Bop* avec, pour sous-titre : *Esquisse de l'Evolution de la Musique de jazz*.

De la Bamboula au Be-Bop
From Bamboula to Be-Bop (Bernard Heuvelmans' book on jazz)

Peut-être est-il utile avant tout de rappeler ce que sont la bamboula et le be-bop. La bamboula était à la fois le tambour utilisé par les Noirs afro-américains et la danse qu'ils exécutaient au son de ce tambour. Le be-bop est un genre musical spécifique du jazz, apparu aux Etats-Unis en 1945. C'est donc l'évolution — un mot et un thème chers à Bernard — entre ces deux périodes du jazz qui est l'objet du livre. Brunetière avait appliqué aux genres littéraires les thèses évolutionnistes : il considérait que les genres littéraires apparaissaient, connaissaient leur apogée, puis déclinaient ou se transformaient. D'emblée, dans l'introduction de son livre, Bernard explique l'angle sous lequel il y étudie l'évolution du jazz : « *Biologiste de formation, j'ai traité le phénomène « jazz » comme un être vivant, d'où l'étude successive de la gestation, de l'enfance, de la maturité et de la sénescence du jazz* ». Et il précise : « *Reconstituée suivant une technique semblable, à l'aide de documents tant fossiles que vivants, voici l'histoire que le paléontologue du jazz peut raisonnablement conter à qui veut l'entendre* ». Autrement dit, c'est le jazz appréhendé à la fois comme un individu vivant et comme un groupe systématique : ontogenèse et phylogenèse, en somme.

D'ailleurs, les titres des différentes parties du livre sont explicites : « *gestation secrète* », « *enfance crapuleuse* », « *maturité et signes de sénescence* », c'est toute la courbe ascendante puis descendante de l'histoire, de la vie du jazz, que l'auteur nous fait revivre. Bien entendu, tous les grands noms du jazz y apparaissent : Buddy Bolden, Louis Armstrong, Duke Ellington, Dizzie Gillespie, etc., etc. On reste confondu — surtout lorsqu'on n'est pas particulièrement connaisseur en la matière — de la façon dont Bernard maîtrise le sujet, à laquelle contribue un talent poétique d'écrivain, fort rare chez les scientifiques, et qui est une des caractéristiques du « style heuvelmansien », comme le nomme en souriant Alika Lindbergh. Ainsi, à la page 133, il imagine des comparaisons saisissantes :

Pour utiliser une image, toute subjective d'ailleurs, le swing nègre est plus souple, plus languide, plus enlaçant ; il fait songer aux mouvements d'un félin ou encore à ceux d'animaux marins, poulpes ou murènes.

De la Bamboula au Be-Bop remporte un beau succès et, comme tous les ouvrages de Bernard, un succès durable. Aussi, Charles Delaunay et André Hodeir demandent-ils à Bernard de bien vouloir accepter le poste de rédacteur en chef de la revue *Jazz Hot*. Mais il s'agit là d'une fonction bénévole que seul un rentier pourrait assumer pour son plaisir, et Bernard doit impérativement gagner sa vie... Il refuse donc, et écrira au sujet de cet épisode :

C'est heureux après tout car si cette offre avait été accompagnée d'une proposition financière, même modeste, mais normale, B.H. serait sans doute aujourd'hui un des « papes » du jazz en France, mais sûrement pas le « père de la cryptozoologie ». <u>*No regrets*</u> [9]

C'est donc bien, comme nous l'avons écrit précédemment, son adieu au jazz...

---

(9) Souligné par lui.

Le livre, ou plutôt les trois livres qu'il écrit ensuite en 1951, et qui seront publiés en
1951 et 1952, sera la trilogie du Secret des Parques, qui demeure l'une de ses œuvres
fondamentales. Intitulés *La prolongation de la vie, La suppression de la mort* et *Le
rajeunissement,* ces trois volumes parurent aux éditions de l'Arche revêtus de ja-
quettes signées Monique Watteau représentant, dans un style para-fantastique qui lui
est propre, de bien jolies filles plutôt « sexy ».
Dans son introduction, Bernard rappelle que les trois Parques, des divinités
grecques et romaines, étaient les maîtresses du destin des hommes. La première,
Clotho, tient la quenouille d'où part le fil de la vie. La deuxième, Lachésis, enroule
celui-ci sur un fuseau. La troisième, Atropos, le coupe avec ses ciseaux. Elles représentent donc la Vie, le Temps et la Mort. Le premier volume aborde surtout les pro-

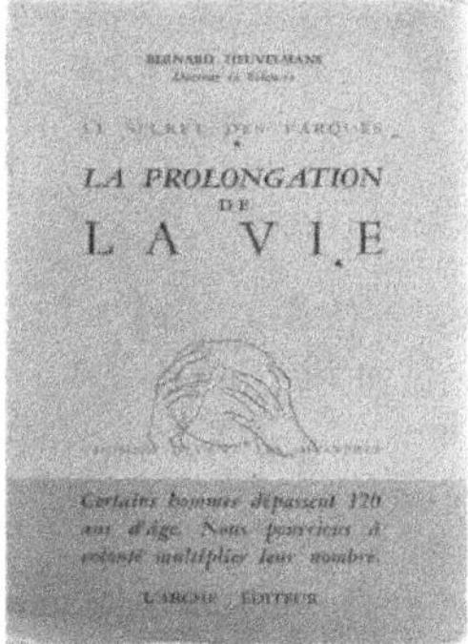

Le Secret des Parques: La prolongation de la vie
The Secret of the Fates: The Extension of Life

blèmes de la longévité, que ce soit dans le monde végétal, ou le monde animal, ou
ensuite, plus spécifiquement, dans l'espèce humaine (qui, bien sûr — Bernard a toujours insisté sur ce point — appartient au règne animal...). Les deux chapitres qui étudient ces problèmes sont bourrés d'exemples, de chiffres, de dates, témoignant à la
fois de l'érudition et du perfectionnisme typiques de l'auteur. Nous y apprenons par
exemple que les oliviers du Jardin de Gethsémani — qui, dit la tradition chrétienne,
furent témoins de l'arrestation du Christ — sont toujours vivants, que la carpe avait
encore la (fausse) réputation de vivre 300 ans, et qu'un chanoine de Lucerne serait
mort, en 1346, à l'âge de 186 ans (à noter, déjà, au cours de ce chapitre, une allusion
au gigantopithèque). Vient ensuite un chapitre sur « la démocratisation de la longévité », autrement dit l'accroissement — pour tous — de la longévité et de l'espérance
de vie. Les intertitres, que Bernard a toujours aimé utiliser, ont ici, en particulier dans
le dernier chapitre, de quoi rendre optimiste ! Qu'on en juge : « L'alcool inoffensif à
petites doses, voire bienfaisant », « Vénus, favorable à la longévité », « Pas de sport
de compétition, mais nudisme », « Egalité d'humeur, joie de vivre, idéal ». Pour aboutir à cette conclusion (aujourd'hui politiquement incorrecte) :

« *Seule, la sélection peut prolonger la vie, une sélection qui implique une eugénique
positive hors de laquelle il n'y a point de salut* ». Point de vue très impopulaire, mais
Bernard n'a jamais accepté les diktats.

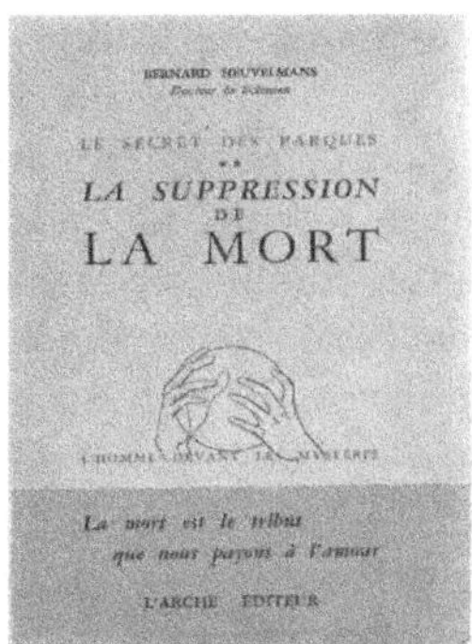

Le Secret des Parques: La suppression de la mort
The Secret of the Fates: The Suppression of Death

Le titre audacieux du deuxième volume repose pourtant, on le constate vite, sur une sérieuse argumentation scientifique. Si la distinction entre un *soma* (mortel) et un *germen* (immortel) est loin d'être absolue, un « *héros aimable et discret* » — et vraiment très petit, la paramécie, nous ouvre peut-être le chemin de l'immortalité. La paramécie est un infusoire qui grouille dans l'eau où on a laissé macérer du foin ou d'autres plantes. Une goutte de cette eau, déposée sous un microscope, fait traditionnellement découvrir aux potaches qui suivent des cours de Sciences Naturelles, le monde fascinant des animalcules. Or, par son mode de reproduction, la paramécie est potentiellement immortelle, comme d'ailleurs des éponges, des méduses, etc. Et Bernard d'exposer ensuite la technique de la culture des tissus, rendant au passage un grand hommage au savant Alexis Carrel, aujourd'hui si décrié (pour des raisons typiques de la « pensée unique » n'ayant rien à voir avec la Science !). En fait, Bernard n'aimait pas l'homme, trop spartiate, trop paramilitaire à son goût, mais il respectait le savant. La victoire sur la mort passe par bien d'autres voies, notamment la congélation : là aussi d'humbles organismes (des graines par exemple, ou de petits animaux, comme les rotifères et les tardigrades) nous ouvrent des horizons, en se montrant capables de « suspendre » leur vie en attendant l'heure de leur « résurrection », Ce phénomène, dit de la reviviscence, est fascinant, faut-il le dire. Enfin, le volume se termine par un appendice dont le titre mystérieux a de quoi intriguer : *Séduction de la Mort...* Cela peut faire frissonner certains Occidentaux, pour qui la Mort est avant tout terrifiante...

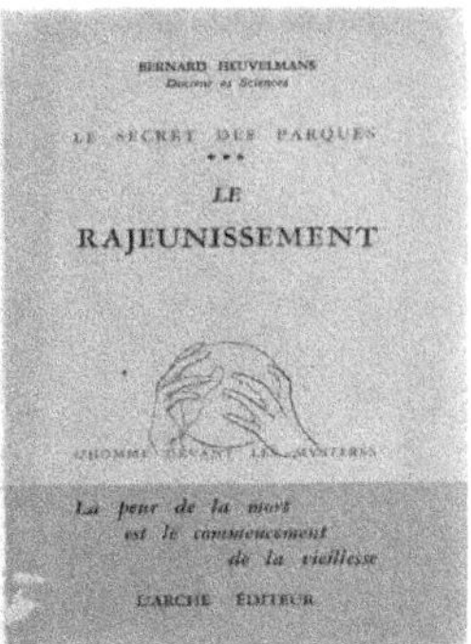

Le Secret des Parques: Le rajeunissement
The Secret of the Fates: The Rejuvenation

Le titre du troisième et dernier tome, lui, a de quoi séduire puisque c'est *Le Rajeunissement*, l'une des préoccupations, parfois obsessionnelles, de l'humanité. Dans le premier chapitre les vastes connaissances de Bernard en physique ont de quoi nous éblouir. Il évoque l'espace-temps, un thème qui, depuis lors, a pris beaucoup d'ampleur. Et il nous intrigue, comme si souvent, en soulignant dans un inter-titre que « *le voyageur de Langevin ne vit pas plus longtemps qu'un autre* ». Après avoir exposé ce qu'est vraiment le vieillissement, Bernard évoque toutes les méthodes qui furent tentées pour le vaincre. Ainsi défilent les noms d'Innocent VIII, d'Alexis Carrel, de Metchnikoff, de Voronoff et de Bogomoletz, etc., pour terminer l'ouvrage par une de ces formules lapidaires dont Bernard a le secret : « *Ce sont les maladies qui sont lourdes à porter. Pas les ans.* ».

Cette trilogie reçut un excellent accueil dans toute la presse où j'ai personnellement retenu un article paru dans *Rivarol*, dû à Dominique Espariat, et paru dans le numéro des 3-9 octobre 1952. Cet article d'une page avait pour titre : *Ambitieux et solitaire explorateur du royaume de l'âme, Bernard Heuvelmans s'essaie à forcer les portes de la Mort*. Bien des années plus tard, Bernard avait souhaité procéder avec ma collaboration à une refonte du *Secret des Parques* sous le titre *La Vie, le Temps et la Mort*. Un projet qui, hélas, ne devait pas se réaliser. Parmi les ouvrages « à paraître » cités en 1951-52 à la fin du *Secret des Parques*, on peut constater que Bernard, au début des années 50, est toujours plein de projets de livres : *Voyage aux antipodes de l'univers*, *Les avatars de la machine ronde*, *Les êtres des mondes inhumains*, *La Genèse des hommes* et *Le Crépuscule des hommes*. A la fin de *De la Bamboula au Be-Bop*, on trouve (avec, déjà, *Le Crépuscule des hommes*) *L'Homme est notre seule patrie* et... *Sur la piste des monstres légendaires*, où, une fois de plus, se confirme que la Cryptozoologie est en gestation dans son esprit.

III. Une Fée et un Paradis

Jusqu'ici nous avons beaucoup parlé des multiples dons de Bernard Heuvelmans, que ce soit dans le domaine des Sciences, ou dans celui des arts. Il est peut-être temps de nous arrêter un moment sur sa vie amoureuse mouvementée, car Bernard était un savant fort différent des autres, notamment par son sens de la fête, et par son goût de la séduction qui contrastait d'une manière surprenante avec le sérieux de ses recherches, et son exceptionnel goût du travail. Ce qui peut paraître déconcertant révèle en fait, tout simplement, le personnage complexe, parfois paradoxal, qu'il était. Certes, sa vie amoureuse n'a joué aucun rôle dans ses choix scientifiques : il avait bien trop de personnalité pour cela, et obéissait à une *vocation* profondément inscrite en lui, dont aucune femme n'eût pu le détourner, fût-ce peu de temps. En revanche, quelques-unes ont créé les climats (paisibles, tendus, heureux ou malheureux) dans lesquels il ne cessa de travailler obstinément, chaque jour de sa vie. Peu de femmes l'ont vraiment compris, presque toutes en furent, plus ou moins longtemps, très amoureuses, car il était, comme le souligne Alika Lindbergh dans son livre « *séducteur à l'extrême, jouant de son regard vert et d'un sourire issu en droite ligne des films américains des années 30* [10] ».
On sait qu'Alika Lindbergh est le nom sous lequel peint et écrit désormais cette Monique Watteau qui, pendant douze ans, fut son épouse et compagne, et ensuite, trente-neuf ans durant (cela fait cinquante et un ans en tout... un long parcours !) demeura sa collaboratrice, sa famille, son amie et enfin, son infirmière... C'est en 1950, donc, un 3 mars, qu'après avoir assisté, à Bruxelles, à une représentation de la pièce *Le Cocu magnifique* de Fernand Crommelynck, Bernard est invité par un confrère de *Pan* à prendre un verre et est présenté à une jeune comédienne qui est venue le rejoindre : le coup de foudre est réciproque. Elle a une personnalité frappante et une intelligence qui la fait se sentir très isolée dans les milieux souvent superficiels du spectacle : Bernard, sa brillante intelligence et sa culture la séduisent autant que son « regard vert » et son sourire à la Clark Gable. A partir de ce fameux 3 mars, et quelles qu'aient pu être les liaisons, les péripéties et les occupations de leurs vies respectives, elle sera toujours à ses côtés chaque fois qu'il le faudra à Paris, à l'Ile du Levant, en Alsace, en Périgord, au Vésinet. Elle part rejoindre Bernard à Paris en mai 1950, et en parlera ainsi dans *Testament d'une fée* (où elle décrit son parcours « initiatique » à travers des éléments autobiographiques) : « *Ma nouvelle existence, dans un pays nouveau, était avant tout liée à la rencontre avec un homme : Bernard Heuvelmans, après mon grand-père et mon père, le troisième cadeau que me ferait le destin qui m'en a fait beaucoup* [11] ». Ainsi vont débuter deux existences parallèles, familières aux lecteurs de Bernard, lesquels pourront trouver, en tête de ses livres de cryptozoologie, la mention « dessins originaux de

(10) *Testament d'une fée*, p. 60.
(11) *Testament d'une fée*, p. 50.

Monique Watteau », puis, après 1968, « d'Alika Lindbergh ». Elle a, en effet, dû prendre en 1962 un autre prénom que le sien, après qu'ayant fait le portrait de l'Homme de Néanderthal pour une couverture de *Sciences et Avenir*, sa signature ait retenu l'attention d'une artiste peintre portant le même nom qu'elle (Monique Watteau) et qui lui enjoignit l'ordre de changer de nom, comme le veut la loi dans ce cas de figure. Monique, qui venait de rencontrer Yul Brynner — une autre rencontre décisive de sa vie — lui demanda de lui trouver un prénom, et il choisit « Alika » — petit félin en tzigane, sa langue maternelle. Ensuite, après son second mariage en 1968 avec Scott, le fils cadet de Charles A. Lindbergh, elle opta définitivement pour « Alika Lindbergh ». Aujourd'hui, elle est l'âme de cette entreprise éditoriale sur la vie et les œuvres de Bernard. Et comme je lui disais qu'à cet égard son action évoquait celle de Clara Schumann qui contre vents et marées défendit toute sa vie l'œuvre de son mari, elle m'apprit que leur histoire et la fidélité de Clara avaient toujours éveillé des échos en elle.

Mais revenons aux années 50 et au couple Bernard-Monique. Formée par la lecture des contes de fée du monde entier, et par celle des romantiques allemands, Monique est éprise de fantastique. Elle s'intéressera bientôt à l'ésotérisme, à l'occultisme, aux vieilles croyances celtiques, bref, au mystère sous toutes ses formes, et cette profonde inclination s'épanouira dans ses romans, comme dans sa peinture dont Bernard était un inconditionnel. Ce monde, si particulier, peuplé d'animaux et de végétaux fraternels, s'harmonise parfaitement avec l'œuvre cryptozoologique future de Bernard. Au cours de sa vie, Monique-Alika sera (successivement ou à la fois) danseuse classique, comédienne, romancière et peintre souvent qualifié de surréaliste, même si cette épithète due à l'admiration qu'eut pour elle André Breton ne correspond pas vraiment à son monde.
En fait, l'œuvre écrite ou peinte de cette femme ne ressemble à aucune autre. Elle est « *à part* » comme le disait Bernard, « *inclassable* ». Et, lui-même si singulier, c'était, bien sûr, ce qui l'enchantait. Après avoir habité un an rue Marbeau, Monique et Bernard vont vivre, à partir de 1950, à Saint-Germain-des-Prés. D'abord ensemble, jusqu'à leur divorce en 1962, puis séparément, mais toujours à proximité l'un de l'autre. Ils deviennent de vrais « paroissiens » de Saint-Germain-des-Prés, qui est alors le cœur intellectuel de Paris. Ils se retrouvent donc au confluent des mondes littéraires, artistiques et scientifiques, et ils côtoient tous les gens qui comptent à cette époque dans la vie culturelle française. Pourtant, leur vie dans une chambre d'hôtel exiguë de la rue Saint-André-des-Arts n'est guère confortable, c'est le moins qu'on puisse dire. L'unique salle de bain de l'hôtel ayant été transformée en débarras, ils ne disposent que d'un cabinet de toilette sans eau chaude. Comme il arrive souvent dans les étages inférieurs d'immeubles situés dans une rue étroite, l'unique fenêtre ne dispense qu'une faible lumière. Au dernier étage de la lépreuse maison d'en face, un balcon où sèche le linge de pauvres Portugais est aux beaux jours inondé de soleil, ce qui les fait rêver d'évasion. Ils ont vécu pourtant heureux et insouciants près de dix ans dans cet endroit confiné, qu'ils ont décoré le mieux possible, avec des filets de pêche, des coquillages et, bien sûr, des dessins et tableaux. Heureusement, de 1951 à 1959 où ils vont enfin déménager, ils s'échappent pour les mois d'été et parfois pour l'automne à l'Ile du Levant. C'est d'autant plus nécessaire qu'ils ont succes-

sivement pour compagnons de chambre un sajou capucin : Boulimie et un singe lago-triche : Bélinda. Leurs protégés ayant besoin de soleil et de grand air, il est indispensable de les emmener dans un endroit comme l'Ile du Levant, et c'est peut-être grâce à eux que Bernard et Monique ne sont pas devenus pâles et maladifs !

Bernard Heuvelmans et Boulimie son sajou capucin. (photo Henri Vernes)
Bernard Heuvelmans and Boulimie, his capucin monkey

Ils travaillent beaucoup, parfois quinze heures par jour. Bernard écrit et Monique elle aussi écrit, ou exécute des maquettes de somptueux foulards pour les grands couturiers. C'est l'époque où Bernard rédige ses premiers ouvrages de cryptozoologie et où Monique, de son côté, publie trois romans, dont les titres sont très significatifs de l'atmosphère si particulière dans laquelle baignera toute son œuvre, tant picturale que littéraire et, nous l'avons dit, tout à fait en harmonie avec les préoccupations de Bernard : *La colère végétale, La nuit aux yeux de bête* et *L'ange à fourrure* qui lui vaudront de se lier d'amitié avec André Breton, Julien Duvivier, Orson Welles, et Léonor Fini, tous conquis par son univers. Parallèlement, elle pose nue pour les photographes et écrira plus tard que la chanson de Charles Aznavour *La bohême* évoque assez bien leur existence d'alors :

... Et si l'humble garni
Qui nous servait de nid
Ne payait pas de mine,
C'est là qu'on s'est connu
Moi qui criais famine
Et toi qui posais nue ...

Il est vrai que les repas sont parfois maigres, mais cette vie de bohême où le travail tient une grande place, a tous les charmes du Saint-Germain-des-Prés de l'époque. C'est en ce lieu magique, durant toutes les années où ils vécurent à l'ombre des tours de Saint-Germain-des-Prés et de Saint-Sulpice toutes proches, qu'ils rencontrent régulièrement leurs amis, parmi lesquels Mouloudji, Louis Pauwels, Michel Simon, Georges Moustaki, Jacques Estérel, Léonor Fini, Guy Béart, Philippe Leroy-Beaulieu, Marlon

Brando, etc. Lorsqu'ils abandonnent enfin l'hôtel de la rue Saint-André-des-Arts, c'est pour aller de l'autre côté du boulevard Saint-Germain, à l'ombre des tours de Saint-Sulpice, rue Servandoni. Ils ont acheté à Plon, leur éditeur, quatre chambres de bonnes qu'ils vont réunir en un petit mais charmant appartement, qui leur offre une vue magnifique sur les toits de Paris, jusqu'à la Tour Eiffel, souvent habillée de brume... C'est là que Bernard continuera d'écrire son œuvre cryptozoologique, et que Monique (devenue Alika) écrira son *Je suis le Ténébreux* pour les éditions René Julliard, un roman sur Lucifer qui évoque davantage le diable des *Stances à Satan* de Charles Baudelaire que le Malin des croyances chrétiennes.

« 11 rue Servandoni », une adresse presque légendaire qui fut celle de Bernard durant de longues années. Je l'y ai personnellement rencontré pour la première fois en 1970-1971. Je le revois toujours, dans son bureau rouge, noir et or, me parlant lentement, d'une voix grave (par contraste avec le « parler vif » des Parisiens français, l'élocution des gens qui ont vécu longtemps en Belgique paraît souvent très lente). Il me parlait de problèmes cryptozoologiques, bien sûr, et me montrait documents et photos soigneusement classés, tandis que d'un regard avide j'explorais les dossiers, les tableaux, les objets souvent étranges qui faisaient de ce bureau un centre de cryptozoologie avant la lettre.

(Notons qu'il avait alors Roland Barthes pour voisin de palier ...).

Heures passionnantes qui se renouvelèrent souvent au fil des années. Parmi d'autres — tant d'autres ! — me revient un souvenir : il me montra un jour la photo d'une curieuse tête naturalisée de grand mammifère, pourvue d'un seul œil (?) que lui avait adressée un correspondant de Tourcoing. Mais, pour un instant, revenons à Bernard et Monique qui se marient (à la mairie du sixième arrondissement, place Saint-Sulpice, bien sûr) le 3 mars 1960. Le carton d'invitation qu'ils envoient à leurs amis, dit :

Pour fêter dignement le dixième anniversaire de leur rencontre, Bernard Heuvelmans et Monique Watteau ont décidé de se marier.

Bernard Heuvelmans et Monique Watteau sur la place Saint-Sulpice, 3 mars 1960
Bernard Heuvelmans and Monique Watteau place Saint-Sulpice on their wedding day, March 3, 1960

De gauche à droite : *José-André Lacour et son épouse, Bernard Heuvelmans, Jean Boullet, Michel Simon,*
Monique Watteau, ses parents
From left to right : José-André Lacour (a famous French novelist) and his wife, Bernard Heuvelmans, Jean Boullet (a
well known Parisian artist), Michel Simon (one of the greatest French actors of the time), Monique Watteau, her parents

Leurs témoins sont Michel Simon et Jean Boullet. Ce personnage étonnant, excellent dessinateur et écrivain, qui avait notamment écrit sur *La Belle et la Bête*, apparaît, sur les photos informelles du mariage, tout de cuir noir vêtu, entre l'écrivain José-André Lacour et le père de Monique, Hubert Dubois, grand poète belge. Jean Boullet devait hélas mourir assassiné en Algérie, et dans des circonstances aussi horribles que mystérieuses, lui qui avait eu une passion pour les films d'épouvante et, à plusieurs reprises, s'était fait refaire le visage par les chirurgiens au point d'être devenu totalement méconnaissable.

En 1962, Bernard et Monique divorcent. Mais leurs destinées vont continuer à se côtoyer, nous le constaterons à maintes reprises. Après tout, la marquise de Pompadour, dont le thème astrologique présente des ressemblances troublantes avec celui de Monique-Alika, n'est-elle pas restée l'amie, la complice et la confidente de Louis XV bien après que leur passion se fût éteinte ?...

Bernard a bien vécu son « sembarquement pour Cythère », et ce fut en effet pour une Ile ... Au large du Lavandou, un « paradis entre mer et ciel », une « Ile au Soleil » s'étire comme un dragon endormi sur environ sept kilomètres et demi, pour une largeur d'un peu plus d'un kilomètre. C'est l'Ile du Levant, la plus orientale des Iles d'Hyères, les deux autres étant Porquerolles et Port-Cros. La partie Est de l'Ile du Levant sert de base à la Marine Nationale et est interdite d'accès aux civils. Mais, à l'Ouest, face à Port-Cros, le village et le domaine d'Héliopolis sont, en 1950 et pour encore vingt à trente ans, le village naturiste le plus célèbre de France. Il est alors, en effet, le seul endroit réservé aux nudistes qui ne soit pas entouré de grillages comme un camp de prisonniers, mais de bornes naturelles : les vagues de la Méditerranée. Cela change tout, car être parqué dans un camp n'eût jamais pu convenir à Bernard ! Durant un demi-siècle, l'Ile du Levant sera le village de Bernard. C'est là qu'il se sent chez lui, et il s'y épanouit, comme en témoignent les nombreuses photos qu'il a soigneusement rassemblées et où on le voit rayonnant parmi les figuiers de Barbarie et les agaves, le plus souvent entouré de jolies femmes en tenue d'Eve. Depuis l'été 1951, où le photographe de nus Serge Le Sazo avait conseillé à Monique d'aller à l'Ile du Levant, jusqu'en 1996, Bernard sera une des « locomotives » de l'Ile du Levant. Ainsi s'explique la mention qui termine plusieurs de ses livres : « Paris-Ile du Levant 19... »

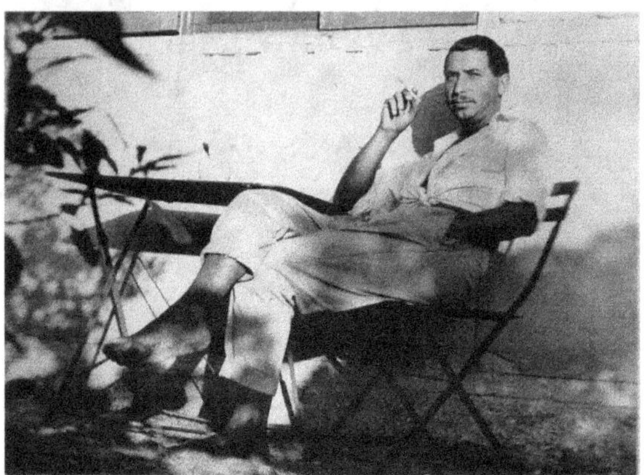

Bernard Heuvelmans à l'Ile du Levant, 1958 (photo Alika Lindbergh)
Bernard Heuvelmans at the Ile du Levant, 1958

Mais écoutons ce qu'en dit Alika :

Pour Bernard, l'Ile du Levant, où se pratiquait le nudisme bien avant que ce fût la mode, a été un coup de cœur définitif. Comme Pierre Dudan, notre ami, il y a trouvé presque tout ce qu'il demandait à la vie : le soleil, une vie dépouillée de tous les gadgets que nous croyons indispensables à notre confort, la mer l'absence totale d'automobiles et la présence nombreuse de jolies filles dénudées.

L'Ile devient donc pour Bernard l'oasis enchanteresse où il peut travailler en paix et se baigner nu (il avait toujours trouvé ridicule de s'habiller, fût-ce d'un maillot succinct, pour se plonger dans l'eau). Cet endroit qui fut magique pour lui à bien des égards, a joué un grand rôle dans sa vie amoureuse, même si les femmes apparaissent peu dans ses livres, bien sûr. Certes, il rappelle qu'il a connu plusieurs mariages [12] et se laisse aller parfois à évoquer des « *pin-up pulpeuses* [13] », « *une actrice transalpine somptueusement mammifère* [14] » ou une « *ravissante brunette du Vaucluse aux formes affriolantes* [15] ». Mais, après sa séparation d'avec Monique-Alika, c'est à l'Ile du Levant qu'il rencontre et photographie avec amour une quantité de jolies créatures, et qu'il tombera amoureux de plusieurs d'entre elles. Ses modèles, au reste photographiés avec art, s'appellent Martine, Marie-Ange, Valérie, Inge, Barbara, Lisbeth, Ghislaine, Criss ou Doudou, la seule dont il fit presque autant de photos qu'il en fit d'Alika (elles ont d'ailleurs un certain nombre de points communs : « sexy », très petites et gracieuses, elles avaient toutes deux l'air vaguement eurasien, mais, à la différence d'Alika, Doudou ne fut jamais une compagne ni rien

(12) *L'Homme de Néanderthal est toujours vivant*, p. 316.
(13) *Ibid.*, p. 302.
(14) *Les Derniers dragons d'Afrique*, p. 231.
(15) *Ibid.*, p. 398.

d'approchant pour Bernard). En revanche, la magnifique Fabienne Dali partagea quelque temps sa vie — à l'Ile du Levant surtout — et fut de celles qui lui demeurèrent le plus fidèlement attachées. Fabienne a fait carrière dans le cinéma, surtout en Italie, mais elle a tourné également dans *Mayerling* où elle fut la partenaire d'Omar Sharif, et où elle dévoile sa somptueuse nudité. Elle parut également dans des films de Mario Bava, un réalisateur très apprécié des cinéphiles que Bernard aimait beaucoup, ainsi que dans *Le Doulos* de Jean-Pierre Melville (1962).

Fabienne Dali, 1963 (photo BH)

Fabienne n'était pas seulement très belle, elle était également vraiment gentille, très drôle, et douée de facultés d'observation qui enchantaient Bernard, d'autant qu'elles s'alliaient à une vive intelligence. Fabienne eut la grâce miraculeuse d'être la seule rescapée d'un terrible « crash » d'avion, et, à la grande admiration de Bernard, le lui annonça avec beaucoup d'humour : ils étaient faits pour s'entendre, et ce n'est pas sans raison qu'ils restèrent jusqu'au bout, de vrais complices, se moquant de tout, y compris d'eux-mêmes... En 1972, c'est de la nordique Lisbeth, une Finlandaise, que Bernard tomba amoureux. Elle est très typée : cheveux pâles, yeux en amande, pommettes bien marquées, elle ressemble assez à May Britt. Bernard apprend des rudiments de finnois pour elle, et il l'eût sans doute épousée si elle n'avait été mère de famille, et mariée.

Lisbeth, 1972 (photo BH)

Elle aussi est demeurée une amie, et a curieusement joué un rôle bénéfique dans deux rencontres fort importantes pour Bernard : d'abord, elle l'emmena voir Georges Simenon dont il était « fan » depuis toujours et qui, comme elle, vivait à Lausanne. Ensuite, c'est lors d'un des voyages qu'il fit pour la retrouver, qu'il fut amené à rencontrer Daniel Cherix, qui occupait alors un poste important au Musée de Zoologie de Lausanne et qu'ensemble ils jetèrent les bases de ce qui serait en 1999 « La Donation » et « Le Département de Cryptozoologie Bernard Heuvelmans ».

Au début des années 80, ce fut Ghislaine, une jolie marquise avec beaucoup de « branche » qui devint la bien-aimée à qui il dédia la réédition de *Sur la piste des bêtes ignorées*, parue chez Famot.

Maguy, 1944 (photo BH)

Parmi les femmes qui, jusqu'à la fin, conservèrent avec Bernard des liens profonds alors même que très malade il ne quittait plus sa chambre, il faut accorder une mention spéciale à Maguy, qui, après qu'il eut divorcé de Françoise, fut la compagne des années 40. Il l'avait connue presque enfant, et retrouvée alors qu'elle avait les yeux de Michèle Morgan... Dans les années 70, ils renouèrent ponctuellement, mais aux heures sombres, surtout, elle lui téléphonait régulièrement et lui rendait visite, et cela jusqu'à sa mort, qu'elle apprit brutalement en Italie, par la presse, ce qui est assez horrible, lorsqu'on a été si proche...

Mais il est impossible de parler d'AMOUR, lorsqu'on évoque Bernard Heuvelmans et l'Ile du Levant (dont on peut d'ailleurs dire qu'il était *amoureux*) sans évoquer non seulement les rencontres amicales qu'il y fit, mais surtout celles, vraiment essentielles pour lui, des animaux de l'île. Car Bernard eut vraiment deux passions majeures : les animaux et les femmes. Et il eut aussi beaucoup d'amis — tant, d'ailleurs, qu'il n'est pas possible de les nommer tous. Limitons-nous donc ici à ceux qu'il retrouvait chaque année sur sa chère île... C'est là que, par l'entremise de Bélinda, son singe laineux, il fit la connaissance de Michel Simon. C'est sur les chemins, les rochers et dans les restaurants de l'île qu'il rencontrait Michel Vitold, Jean-Louis Barrault et Madeleine Renaud, le chanteur et humoriste Pierre Dudan, Michael Redgrave (l'un des nombreux maris d'Elisabeth Taylor), Errol Flynn, Rita Renoir, la plus célèbre strip-teaseuse des années 60, et son compagnon l'acteur Jacques Seiler, Colette Deréal, Annie Girardot et son frère Jean,

Rita Renoir, la reine du strip-tease (photo BH)
Rita Renoir, the Queen of strip-tease

Stéphane Grapelli, le graveur Pierre-Yves Trémois, Georges Moustaki (dit « Jo »), l'acteur et chanteur d'origine russe Georges Valentinoff, etc., etc… mais aussi Henry Legrand, spécialiste des microlépidoptères (papillons de petite taille) ou encore Maurice Bourdel, grand patron de la maison Plon — son éditeur — ou Pierre Sipriot, directeur de la revue *La Table Ronde*, qui écrivit de nombreux ouvrages, notamment sur Montherlant. Il y retrouvait aussi, chaque été, André Capart, directeur du Musée Royal d'Histoire Naturelle de Bruxelles, et son vieux copain Henri Vernes, auteur des livres pour adolescents racontant les aventures de Bob Morane... Toutes ces rencontres annuelles et beaucoup d'autres sont, bien sûr, émaillées de souvenirs souvent drôles : Boulimie, le singe capucin de Bernard, se jetant au cou de Michael Redgrave ravi (Boulimie avait un gros faible pour les gens aux dents très blanches, et Redgrave avait un sourire d'autant plus éclatant que le soleil avait fait virer son teint au rouge brique).

Bernard Heuvelmans déguisé en « sauvage » lors d'une fête à l'Ile du Levant
Bernard Heuvelmans dressed as a « native » during a party at the Ile du Levant

L'arrivée de Pierre Sipriot dans un restaurant où se déroulait une fête est également très amusante : Pierre Sipriot demeure sidéré, en voyant le très sérieux auteur scientifique de la vénérable maison Plon, habillé seulement d'un bronzage intense et d'un minuscule pagne en plumes d'ara, danser autour d'un invisible totem, tandis que Monique, elle, ne porte qu'un collier et... une sorte de pompon...

Une autre fois, Bernard, « Jo » Moustaki, et le comédien Henri Garcin, attablés ensemble à une terrasse de café, bavardent et plaisantent. Tous trois bronzés comme des pains d'épices sont dévisagés par les passants, au point que Bernard dit en riant : « *Ils doivent nous trouver d'inquiétantes gueules de métèques !* ». C'est ainsi que Moustaki va concevoir une de ses plus célèbres chansons : *Avec ma gueule de métèque...*

Chaque année a lieu l'élection de « Miss Levant » que Bernard anime avec maestria, tandis qu'au large, les yachts d'Alexander Korda, d'Errol Flynn ou d'Onassis, ont jeté l'ancre. Mais il y a les animaux, qui sont avec les femmes — et sans doute plus profondément — les autres amours de Bernard, pétris d'admiration, d'attirance, de respect et de compassion.

Avec de simples lunettes de plongée, il observe les fonds marins et apprivoise des blades (parents des dorades, longs d'une vingtaine de centimètres) qui rapidement viennent lui manger dans la main. Il approche et caresse les pieuvres qui habitent les creux de rochers sous-marins. Depuis toujours concerné par la souffrance animale, il tance vertement un chasseur sous-marin qui frappait violemment sur les rochers (pour en ramollir la chair) une pieuvre vivante. « *Je souhaitai du fond du cœur que le nemrod helvète rencontrât la prochaine fois un adversaire à sa taille* » [16], rapporte-t-il.

Bernard Heuvelmans nourrissant les blades (Oblada melanura) dans les îles d'Hyères, 1972
Bernard Heuvelmans feeding the Oblada (Oblada melanura) in the waters around the Hyères islands, 1972
(photo Louis Miaille)

Monique et lui se font une amie d'une couleuvre vipérine sauvée de la noyade par Bernard, et observent, fascinés, les grandes mantes religieuses et les phasmes (insectes mimétiques semblables à des brindilles, ce qui les a fait surnommer bâtons-du-diable). Un rat noir entrant dans sa cuisine, Bernard l'apprivoise en lui parlant, simplement. Le rat (en fait, c'est une rate) viendra rapidement manger dans sa main. Il réussit des photos [17] d'elle, et elle viendra une nuit lui présenter ses ratons : un moment fabuleux pour Bernard !

(16) *Le Kraken et le Poulpe colossal*, éd. 1958, p. 74.
(17) Elles ont paru dans *La vie fantastique des animaux* de Maurice Burton, pp. 96-97, et dans *Rattus*, revue de l'Académie Internationale du Rat, n° 2, janvier 1976, pp. 16-17.

Rappelons que le rat noir, caractérisé par de grandes oreilles et une longue queue, est une espèce assez rare en Europe, car elle a été, au cours des siècles, refoulée par le surmulot, ou rat d'égout, mais, par un curieux hasard, Bernard le retrouvera au domaine de Verlhiac, en Dordogne et... dans le jardin du Vésinet. Peut-être suffisait-il de le reconnaître ?

Peut-être suffisait-il aussi d'être zoologiste pour s'apercevoir que les cétacés échoués à l'Ile du Levant appartenaient à des espèces rares, parfois inconnues en Méditerranée ? En tout cas, Bernard eut la chance d'examiner dans son île ce qu'il appellera joliment « les présents de Neptune » : un pseudorque en 1951, une baleine-à-bec de Cuvier en 1961 et un dauphin bleu et blanc en 1968. Sur des photos on voit Bernard rayonnant, à côté du cadavre (en putréfaction) de la baleine-à-bec dont la découverte en Méditerranée l'enchantait. Il est drôle de comparer son expression avec les visages défaits des pauvres jeunes marins que la base de la Marine lui avait affectés, et qui avaient toutes les peines du monde à ne pas se trouver mal, de dégoût, car l'odeur était épouvantable...

Bernard Heuvelmans disséquant une baleine-à-bec échouée, Ile du Levant, 1961
Bernard Heuvelmans dissecting a roting beached beaked whale, Ile du Levant, 1961
(photo Georges Valentinoff)

En 1963, c'est un curieux poisson qui est rejeté mort sur les rochers d'une calanque : un régalec, l'un des plus longs poissons marins. Surnommé « poisson-ruban », c'est un bel animal qui porte une crête rouge vif, très caractéristique, sur le dos. Le spécimen examiné par Bernard mesure 2,10 mètres, mais l'espèce peut atteindre au moins 10 mètres de long.

Cependant, sa plus belle découverte sera un mammifère terrestre, un félin. En 1932, des habitants de l'Ile du Levant avaient rencontré un chat paraissant si énorme qu'ils l'avaient surnommé le « lynx de la Paille ». Or, certains insulaires qui, l'hiver surtout, ont toujours posé des pièges pour capturer ces pauvres chats errants (ou harets) afin de... les manger (!), y trouvèrent durant la guerre des chats dépassant les dix kilos (ou atteignant même, assuraient-ils, les quinze kilos, mais là, on entrait sans doute dans le domaine des galéjades méridionales). Or, en 1958, Bernard, qui nourrissait tous les chats errants qui s'approchaient de son bungalow sous les pins, voit à plusieurs reprises un énorme — et superbe — chat tigré, bondir sur la nuque de ses protégés, ou les poursuivre par bonds prodigieux à travers le maquis (on sait que le chat sauvage [*Felis silvestris*] mange parfois des chats harets). Celui-ci, que Bernard identifie sans l'ombre d'un doute, est bien un *Felis silvestris*, espèce qui n'a jamais encore été signalée dans l'île. Il y a beaucoup d'hybrides chat sauvage / chat haret sur l'île, bien reconnaissables. Bernard réussit à en apprivoiser un — jusqu'à un certain point : les chats sauvages ne sont guère approchables et ne supportent pas les caresses —, il photographie celui-ci qui, en tout cas, lui fait confiance. Bernard propose alors pour le chat sauvage de l'Ile du Levant, l'appellation scientifique de *Felis silvestris levantina*. Il se demandait pourtant si le chat sauvage de l'île ne devait pas plutôt être rattaché au chat sauvage africain, dit chat ganté (*Felis libyca*) comme le sont désormais les sous-espèces de Corse, de Sardaigne et de Crète. En tout cas, c'était bel et bien une découverte zoologique séduisante, confirmant que l'Inconnu se trouve parfois à notre portée...

IV. Le coup de tonnerre de 1955

Durant ses études, Bernard avait pris l'habitude de mettre de côté les articles consacrés à des curiosités zoologiques ou biologiques : enfants-loups, « monstres marins »échoués, « hommes-singes », pluie de poissons, gorilles kidnappeurs de femmes, crapauds retrouvés vivants dans d'anciennes roches, etc. Il conserve ce « capharnaüm », comme il le qualifiera lui-même [18] avec un certain scepticisme. Jusqu'au 3 janvier 1948 où il tombe en arrêt devant un article du *Saturday Evening Post* intitulé : *Il pourrait encore y avoir des dinosaures*. Cet article est dû à un chercheur britannique réputé pour sa compétence en zoologie : Ivan T. Sanderson. Son article soulève la possibilité d'une survivance, au cœur de l'Afrique, de dinosaures. Bernard est si troublé par sa lecture qu'il décide de consacrer dès que possible un livre aux animaux inconnus de la Science. Il va se lancer alors dans un travail titanesque qui l'absorbera pendant plus de quatre ans, exactement de 1951à 1955. Le résultat fut fracassant.

En 1955, lorsque paraît *Sur la piste des bêtes ignorées*, le grand public — y compris les passionnés de zoologie — ne connaît pas grand chose au problème des animaux mystérieux ; on pense qu'il s'agit de canulars. Le Serpent-de-Mer, par exemple, a eu jadis son heure de gloire, mais, tourné en dérision, il est tombé dans l'oubli. Certes, depuis une vingtaine d'années, on parle encore ponctuellement du monstre du Loch Ness, la bête du Gévaudan n'a pas cessé de faire (rétrospectivement) frémir, et l'abominable Homme-des-neiges (le yéti si l'on préfère) passionne les médias et l'opinion publique depuis quelques années. Mais c'est à peu près tout. Et voici qu'un homme se lève pour proclamer que des animaux mystérieux, il en est sur tous les continents, et que les énigmes qu'ils posent sont vraiment sérieuses. Et cet homme qui vient de jeter « un pavé dans la mare » n'est pas du tout un farfelu, mais un docteur ès sciences zoologiques, dont les travaux sont respectés par ses pairs. De plus — chose remarquable pour un savant — il écrit dans un style clair et vivant... Sous sa plume, voici que surgit un nouveau planisphère. En Amérique du Sud, dit-il, terre du jaguar et des colibris, survivraient des paresseux géants, grands comme des bœufs ! En Afrique, pays du lion et de la panthère, se dissimuleraient des carnivores inconnus : l'Ours Nandi, pataud et trapu, et le Mngwa, terrible machine à tuer. En Sibérie, des troupeaux de mammouths se cacheraient sous le couvert des arbres de la taïga. En Asie, le pithécanthrope — alias l'Orang pendek — serait toujours bien vivant à Sumatra. En Australie, un superbe félin serait le marsupial manquant, tandis qu'en Nouvelle-Zélande, le plus grand oiseau de tous les temps, le moa, coulerait encore des jours paisibles !

(18) *L'Homme de Néanderthal est toujours vivant*, p. 17.

D'autres noms, porteurs de rêves, surgissent sous la plume de Bernard : *nittaewo*, *waïtoreke*, *agogwe*, *bunyip*, *olitiaou*... Une étonnante impression de fraîcheur et de spontanéité assaisonnées d'un humour décapant, se dégageait de son livre, paru en deux tomes dans la collection « D'un monde à l'autre » des éditions Plon. Une photo de tarsier (petit primate nocturne, aux yeux énormes, de l'Asie du Sud-Est) ornait la jaquette du premier tome intitulé *Indo-Malaisie, Océanie*, celle d'un iguane marin des Galapagos, ornait la jaquette du second : *Amérique, Sibérie, Afrique*.

Sur la piste des bêtes ignorées, volume 1
On the Track of Unknown animals, volume 1 (french edition)

Sur la piste des bêtes ignorées, volume 2
On the Track of Unknown animals, volume 2 (french edition)

Les deux volumes étaient illustrés de photos hors-texte et d'environ quatre-vingt dessins originaux de Monique Watteau, qui commençait là une collaboration avec Bernard Heuvelmans, qui allait durer quarante-cinq ans... Beaucoup de ces dessins représentent les animaux « ignorés » tels que Bernard les voyait à travers les témoignages. Ils allaient devenir les « portraits-robots » de référence du yéti, de l'orang-pendek, du tigre marsupial, du paresseux géant ou du dragon congolais, par exemple. Le premier volume débute par une vue générale, qui jette les bases de ce que sera la cryptozoologie. Elle est intitulée : « L'aventure zoologique n'est pas morte », ce qui fait rêver et éveillera bien des vocations. Le premier chapitre s'intitule : « Le monde perdu est omniprésent ». Ces deux phrases nous plongent d'un coup dans l'univers qui restera celui de Bernard pendant encore quarante-cinq ans.

Au cours de ce premier chapitre il nous prouve que la planète Terre est loin d'être totalement explorée et que, dans une optique zoologique en tout cas, « les taches blanches » y restent nombreuses. Mais il démontre aussi que des découvertes surprenantes sont possibles dans les régions les mieux connues : par exemple, il reste à trouver le Tatzelwürm, ou « ver à pattes » des Alpes, un reptile ou un amphibien énigmatique qui nous nargue toujours au cœur de la vieille Europe.

Le deuxième chapitre : « L'espérance de découvrir encore des bêtes inconnues » constitue un réquisitoire contre Cuvier, qui avait prétendu terminées les découvertes de « quadrupèdes » de grande taille. Bernard réplique par un long défilé de trouvailles sensationnelles survenues depuis le début du XIXe siècle : parmi les plus remarquables, le panda géant, l'okapi, le gorille des montagnes, le varan de Komodo, le chimpanzé pygmée (ou bonobo), le kouprey ou bœuf gris cambodgien, etc.

Le troisième chapitre de cette première partie : « Les rescapés du passé » analyse la notion de fossile vivant.

Voici le décor planté : le tour du monde peut commencer.

Comme on l'a compris, *Sur la piste des bêtes ignorées* ne s'intéresse qu'aux animaux terrestres. Bernard — il en prévient le lecteur — réserve à un autre ouvrage (en fait, il y en aura plusieurs) l'étude des énigmes animales des lacs et des mers. Curieusement le tour du monde débute avec des êtres situés à la limite indécise entre « l'animalité » et « l'humanité » (du moins, telle que nous la concevons). La deuxième partie du premier tome s'intitule en effet : « Les Bêtes à face humaine de l'Indo-Malaisie ».

Premier chapitre : « Nittaewo, le peuple disparu de Ceylan ». Ces Nittaewo semblent avoir été des pithécanthropes, lesquels réapparaissent, toujours vivants, dans le deuxième chapitre : « Orang-pendek, l'homme-singe incongru de Sumatra ». Le troisième chapitre s'impose évidemment : c'est « L'abominable Homme-des-neiges ». Il faut dire que durant les années précédentes, Bernard avait été un des très rares zoologistes à prendre publiquement position en faveur de la réalité du Yéti. Il l'assimile au gigantopithèque (thèse qu'il affinera par la suite) et procède même à son baptême scientifique en l'appelant *Dinopithecus* (qu'il changera plus tard en Dinanthropoides) *nivalis*.

Troisième partie de ce premier volume : « Les fossiles vivants d'Océanie ». Elle débute avec l'invraisemblable dinosaure surréaliste de Nouvelle-Guinée. Certes, il s'agit selon lui d'un simple canular, mais le chapitre prépare à l'idée de la survivance possible de dinosaures. « Les incroyables bunyips d'Australie » et « Le tigre marsupial du Queensland » nous initient aux énigmes zoologiques australiennes, avec, notamment, un mammifère aquatique évoquant le phoque ou la loutre, et un « félin », aujourd'hui presque admis par la zoologie officielle. « Le Moa, un fossile qui peut-être se porte bien » et « Waïtoreke, l'impossible mammifère néo-zélandais », nous emmènent, on l'a compris, en Nouvelle-Zélande. Et si le waïtoreke, ce curieux animal qui ressemble à une loutre est « impossible », c'est parce que la Nouvelle-Zélande, en principe, n'abrite pas de mammifères terrestres.

Le second tome de *Sur la piste des bêtes ignorées* s'ouvre avec « Les énigmes animales du continent vert », dont le premier chapitre s'intitule : « Le paresseux géant de la Patagonie », un chapitre qui, de l'aveu de Bernard, l'obligea à exhumer cin-

quante articles dispersés dans une douzaine de revues publiées en espagnol, en allemand, en anglais, en français et en suédois. Vient ensuite « L'anaconda géant et autres
« serpents-de-mer » continentaux », consacrés aux gigantesques serpents d'Amazonie
et au Minhocâo, étonnant animal amphibie et fouisseur. Du « Singe anthropoïde de la
Sierra de Perija » on possède une bonne photo, qui , semble-t-il, pose la question de
l'existence possible de grands singes en Amérique du Sud. Changement total de climat
et de décor avec la deuxième partie : « Les géants attardés du Grand Nord », limitée à
un chapitre : « Le Mammouth, colosse velu de la taïga ». En effet, des témoins disent
toujours l'apercevoir au fin fond de la forêt sibérienne. Retour sous les Tropiques, avec
« Les épouvantes de l'Afrique » et ses six chapitres. D'abord, « Le lion-léopard, l'élé-
phant-hippopotame et autres bâtards ». Il s'agit essentiellement du lion tacheté, de
l'éléphant nain et du rhinocéros nain. Deux redoutables prédateurs, mais très différents
l'un de l'autre, sont les héros des chapitres suivants : « L'ours Nandi, terreur de l'Est
africain » et « Mngwa, la bête étrange ». L'ours Nandi pose un gros problème, car, en
principe, il n'y eut jamais d'ours en Afrique tropicale. Quant au mngwa, il serait un félin gigantesque, de la taille d'un âne... A nouveau, voici des primates d'aspect humain,
avec « Les Agogwe, les nains velus de Mozambique », qui pourraient bien être des
australopithèques reliques. Mais c'est avec les deux chapitres suivants que Bernard atteint le comble de l'audace : oser envisager sérieusement la survivance, dans les impénétrables marais africains, de dinosaures et de ptérosauriens (ou reptiles volants).
C'est pourtant la possibilité qui se dégage de « Le Dragon qui attend encore son Saint-
Georges » et de « Kongamato, le dernier dragon volant ». La dernière partie : « La leçon des fantômes malgaches » et son chapitre unique : « Trétrétrétré, Vouroupatra et
Cie » poussent plutôt à la mélancolie car il n'y a en fait plus guère d'espoir de retrouver
vivants les lémuriens géants et les Aepyornis — énormes oiseaux coureurs — qui peu-
plaient encore récemment Madagascar. Bernard, pour la première fois — mais ce sera
une constante dans sa vie et son œuvre — termine son ouvrage par un appel à la protection préventive des espèces sur lesquelles il a attiré l'attention :

*Au moment de tracer les lignes finales de cet ouvrage, un vague remords m'assaille.
[...] Quand on dresse le bilan des déprédations que l'homme à la carabine a exer-
cées dans le monde animal, on se révolte à l'idée de lui désigner des cibles nouvelles. [...] Demain nous fera peut-être connaître quelque autre de nos parents plus
ou moins éloignés : cet abominable Homme-des-neiges par exemple, qui n'est sans
doute qu'un grand singe timide et doux ; ou — qui sait ? — l'un ou l'autre primate
encore plus humain, comme le mignon agogwe, ou l'insaisissable orang-pendek.
Puisse leur capture éventuelle ne s'accompagner d'aucun meurtre inutile, c'est là
mon souhait le plus ardent.*

Pitié pour les monstres ! Les vrais monstres sont parmi nous !

Voici donc résumé *Sur la Piste des bêtes ignorées*, livre-culte qui a véritablement
marqué le début de la cryptozoologie (même si le mot n'y apparaît pas encore) et
qui connaîtra de multiples traductions et rééditions, avec une vente totale de plus
d'un million d'exemplaires.

Dans cet ouvrage se manifeste clairement ce qu'on peut appeler le « style Heuvelmans », élégant et précis, avec un constant souci de clarté, et un mélange unique de rigueur et d'humour. Presque tous les articles parus sur Bernard Heuvelmans mentionnent que ses travaux sur le yéti ont inspiré Hergé pour *Tintin au Tibet* ; je me le suis fait confirmer par Alika, qui assista à une rencontre à ce sujet entre Bernard et son vieil ami Hergé.

Bernard Heuvelmans et Hergé
Bernard Heuvelmans and Hergé
(the creator of Tintin the reporter, one of the most famous Belgian comics heroes)

D'ailleurs, c'est le portrait-robot dessiné par elle (alors Monique Watteau) sur les indications de Bernard, qui a servi de modèle à Hergé pour sa représentation de l'Homme-des-neiges.

Le 9 janvier 1983, Bernard m'écrivait :

C'est moi qui ai fourni toute la documentation sur le Yéti à mon ami Hergé. Quel dommage qu'il ait situé son action au Tibet, où il n'y a pas de Yétis ! [19] *A l'époque, toutefois, personne ne savait où se trouvait le Népal : il a fallu pour cela attendre les sinistres chemins de Katmandou.*
Pour la petite histoire, c'est moi qui ai écrit le scénario de la fin du Temple du Soleil *d'Hergé, quand celui-ci avait été victime d'une dépression nerveuse. A la suite de quoi, j'ai, en collaboration avec le peintre Jacques Van Melkebeke, écrit, planche par planche, le scénario des deux volumes* On a marché sur la Lune *et* Objectif Lune*, en fournissant d'ailleurs toute la documentation technique pour la construction de la fusée.*

Bernard, on l'a vu, était très compétent en astronomie et en astronautique (il connaissait notamment fort bien l'œuvre d'Alexandre Ananoff, auteur de l'ouvrage de base *L'Astronautique*) [20]. Il avait préparé, pour *Objectif Lune* une réapparition d'Hippolyte Calys, l'astronome de *L'Étoile mystérieuse*, qui ne fut pas retenue. Hélas ! Hergé a cherché à minimiser le rôle de Bernard dans ses albums [21], tout en

(19) Par la suite, Bernard considérera que le grand Yéti habite bien le Tibet, tandis que le petit Yéti (le yéti proprement dit) se localise au versant sud de l'Himalaya.
(20) Fayard, 1950.
(21) Lettre d'Hergé à Bernard, datée du 19 avril 1962, et citée dans *Libération* (21-22 octobre 1995).

reconnaissant avoir utilisé quelques-unes des idées suggérées par celui-ci : « *l'ape-santeur, le whisky qui se met en boule, Adonis et son satellite Haddock, etc.* » mais il n'admet rien de plus. *No comment.*

Un autre auteur populaire a toujours reconnu, lui, qu'il doit beaucoup à Bernard : c'est Henri Vernes, de son vrai nom Charles H. Dewisme, le père de Bob Morane. En effet, les éditions Marabout ayant demandé à Bernard de rédiger cette série, dont les aventures sont assez souvent « cryptozoologiques », il dut refuser, car, à l'époque, il entamait son œuvre cryptozoologique. En revanche, il recommanda avec chaleur son ami Henri Vernes, l'imposant presque, car si, alors, celui-ci était peu connu, Bernard connaissait ses qualités tout à fait adéquates pour cette tâche.

De gauche à droite : Henri Vernes, Alika Lindbergh, Bernard Heuvelmans, Ile du Levant, années 1970 (photo Henri Vernes) From left to right : Henri Vernes, Alika Lindbergh, Bernard Heuvelmans, Ile du Levant, in the 70's

Bernard Heuvelmans et Alika Lindbergh à l'expo-sition « Bob Morane », le héros de leur vieil ami Henri Vernes, 3 décembre 1993 Bernard Heuvelmans and Alika Lindbergh at the « Bob Morane » exhibit, the hero created by their old friend Henri Vernes, December 3, 1993

Henri Vernes n'est pas le seul auteur à avoir été aidé par Bernard qui était toujours prêt à faire ouvrir des portes à ses amis. L'astrologue et écrivain d'origine russe Cyrille de Neubourg lui vouait pour cela une profonde gratitude. Il aida aussi Samivel à la sortie d'un de ses livres, et bien d'autres, si discrètement que cela ne se sut pas. Pour ma part, j'ai bénéficié également de sa gentillesse : c'est lui qui m'a recommandé à *Sciences et Avenir*, ma première collabo-ration importante dans la presse, et lui aussi qui me mit en rapport avec Georges Gallet, en vue de la rédaction du *Monde des ailes*, un livre sur les oiseaux que j'écrivis pour Albin Michel, et qui parut en 1973. Inversement, et malgré son caractère parfois difficile, il eut la chance d'éveiller de fidèles amitiés. Lors de ses voyages lointains, notamment, des amis l'ai-dèrent ou l'hébergèrent parfois somptueusement. Il faut dire qu'il avait un charme particu-lièrement attendrissant et pouvait être irrésistible. Il fut même pratiquement dégagé des pro-blèmes matériels dès qu'Alika eut elle-même une vie confortable. Elle et le généreux Scott Lindbergh, puis elle seule, se chargèrent de beaucoup de ses soucis quotidiens, trouvant nor-mal, puisqu'ils le pouvaient, de l'aider à se consacrer à son travail, en lui évitant de dépendre des organismes officiels, et de la mendicité qu'ils entraînent dans les milieux de la recherche.

C'est là un exemple de ce que l'on peut appeler « la structure du destin ». Bernard était né sous une bonne étoile... Mais, alors qu'on évoque cela devant Alika, elle dit : « *Il le méritait bien. Toute sa vie, chaque fois qu'il l'a pu, il a aidé les autres, animaux, ou humains persécutés. Moi-même je lui dois tant ! Le peu que j'ai pu faire pour lui n'était que justice, et la moindre des choses* ».

Une raie Manta géante effectuant un bond prodigieux au-dessus des flots, telle est la photo qui orne la jaquette de *Dans le sillage des monstres marins*, le deuxième grand ouvrage cryptozoologique de Bernard Heuvelmans, paru en 1958. En fait, ce livre est plus connu par son sous-titre : *Le Kraken et le poulpe colossal*.

Dans le sillage des monstres marins. Le Kraken et le poulpe colossal
In the Wake of the Sea Monsters. The Kraken and the Colossal Octopus (french edition)

Après avoir considéré la difficulté des découvertes zoologiques dans les mers, l'auteur nous familiarise avec le monde des pieuvres (ou poulpes), seiches et calmars — autrement dit les mollusques céphalopodes. Pour bien comprendre la suite, le lecteur doit en effet apprendre (ou se rappeler) que les pieuvres ont huit tentacules égaux, tandis que calmars et seiches en possèdent dix, huit courts et deux longs. Ces derniers sont pourvus d'une coquille interne — « l'os » de seiche, ou la « plume » du calmar [22] — alors que les poulpes n'en ont pas.

Après avoir égratigné Victor Hugo (qu'au demeurant il admirait) et Jules Verne qui, respectivement dans *Les Travailleurs de la mer* et *Vingt mille lieues sous les mers*, ont beaucoup fait pour le prestige des céphalopodes, mais avec force erreurs et exagérations, Bernard rend hommage à l'évêque danois Pontoppidan qui, dans son *Histoire naturelle de la Norvège* (1752-1753), décrit avec précision le Kraken, terrible monstre marin capable de faire sombrer les navires en les prenant dans ses tentacules. Malgré l'invraisemblance de cette légende, un animal bien réel se cache derrière le mythe du Kraken : le calmar géant, que les zoologistes vont progressivement découvrir. Apparaît ici la figure émouvante d'un naturaliste français de génie : Pierre Denys de Montfort qui, en 1801-1802, a décrit avec précision cet animal sous le nom de « Poulpe-Kraken ». Hélas ! Persécuté pour l'audace de ses idées, ce pionnier de la cryptozoologie mourra dans une misère affreuse : on trouvera son cadavre dans une rue de Paris en 1820.

(22) Le terme calamar, trop souvent utilisé pour calmar, doit être réservé au domaine culinaire (c'est le nom espagnol du calmar).

Cependant, comme le disait Constantin Samuel Rafinesque, un autre zoologiste maudit dont nous reparlerons, « *le temps rend justice à tous, sans discrimination.* » Aussi, les incrédules doivent se rendre à l'évidence, même si c'est de mauvaise grâce : des calmars géants existent, puisqu'il s'en échoue sur les plages, notamment en Norvège, en Ecosse, à Terre-Neuve, en Nouvelle-Zélande. Un nom scientifique — qui sonne fort bien — leur est donné : *Architeuthis princeps*. Dûment mesuré, le plus grand, échoué à Terre-Neuve en 1878, atteignait dix-sept mètres de longueur totale. « *Il avait des yeux* », nous dit Bernard, « *grands comme des tambours.* » En effet, avec un diamètre de quarante centimètres, les yeux de l'Architeuthis sont, jusqu'à nouvel ordre, les plus grands du monde animal. Mais l'histoire des calmars super-géants ne se termine pas sur ces échouages indiscutables, car il en existe vraisemblablement de plus démesurés encore. La découverte de l'Architeuthis a relégué au second plan l'éventuelle existence de pieuvres géantes. L'ouvrage de Bernard se termine donc par un chapitre intitulé « Histoire inachevée du Poulpe colossal », où il démontre l'existence de pieuvres de très grande taille, derrière lesquelles se profilent d'autres pieuvres, plus impressionnantes encore.

Dans les années suivant la parution de *Sur la piste*, Bernard avait forgé, pour désigner la science nouvelle qu'il était en train de créer, le mot *cryptozoologie*, autrement dit la science des animaux cachés (caché se disant cryptos, *kruptos*, en grec) [23]. Il l'utilisa bientôt dans sa correspondance, mais, paradoxalement, ce ne fut pas lui qui le publia le premier. En 1959 en effet, Lucien Blancou, Inspecteur en chef honoraire des Chasses et de la Protection de la Faune Outre-Mer, publiait un *Que sais-je ?* intitulé *Géographie cynégétique du monde* et dédiait son ouvrage « A Bernard Heuvelmans, maître de la Cryptozoologie ».

Profitons de ce moment historique pour tracer un portrait plus précis de Bernard. Celui-ci n'a pas du tout le profil classique de l'intellectuel. Ainsi, il est bricoleur en diable, fort habile de ses mains, et très délicat et minutieux, quand il répare quelque chose. Il aurait sûrement pu être orfèvre ou horloger. Et il était aussi excellent photographe et très bon dessinateur. Bernard a toujours porté la moustache, apanage des séducteurs des années 30. Vers le milieu des années 60, il se laisse pousser la barbe. C'était un homme élégant, que l'on n'aurait jamais vu débraillé, ni en blue-jeans-baskets. Il s'habillait avec un mélange de classicisme à l'anglaise et d'originalité. Il portait ainsi des chemises aux tons subtils (olive, mauve, rose, turquoise, émeraude, etc.), de petits foulards de soie indienne, et, à l'Ile du Levant ou chez lui, des saarongs, des saris, des vestes chinoises ou guatémaltèques, des bijoux asiatiques ou africains. Il était en effet très attiré par tout ce qui était exotique, à commencer par les gens, mais aussi par les arts ou la musique, qu'il aimait africaine, tzigane, russe ou sud-américaine. De même, il avait une prédilection pour la cuisine thaïlandaise ou le couscous, et, en général, pour tout ce qui était très épicé. Un détail fort sympathique : il ne cueillait jamais de fleurs et n'offrait jamais de fleurs coupées. Il détestait voir tailler les arbres « à la française » et les bonsaïs. Il empêchait — comme d'ailleurs Alika — que l'on abattît les vieux arbres, sauf s'ils étaient vraiment morts. Ne se disait-il pas bouddhiste depuis l'âge de trente ans ? Il avait véritablement « la main verte » lorsqu'il aidait Alika au jar-

(23) Comme le souligne Loren Coleman, dans l'édition en anglais de son livre sur les serpents-de-mer, intitulé *In the Wake of Sea-Serpents*, Bernard Heuvelmans indique qu'Ivan Sanderson avait inventé le mot *Cryptozoology* le premier et que lui l'a réinventé sans le savoir (cf. p. 508 de l'édition Hill and Wang, New York, 1968). L'anecdote ne figure pas dans les éditions françaises.

din. A propos de végétaux, il était tout à fait disposé à voir apparaître une crypto-phytologie ou cryptobotanique, car il est bien des affaires de plantes mystérieuses (avec cette différence que les végétaux, contrairement aux animaux, ne fuient pas systématiquement les hommes !). Bernard était « généreux comme un pauvre ». Il faisait de petits cadeaux, ou de plus beaux, suivant l'état de ses finances : il prenait du plaisir à chercher ce qui ferait plaisir. C'était un homme généreux, le contraire d'un avare. Il appréciait les alcools forts et le vin, sans pour cela sombrer dans l'alcoolisme. Il n'a jamais éprouvé le moindre besoin, ni même l'envie, de recourir à la drogue, qu'il trouvait nuisible, bien sûr, mais aussi inutile. Il donnait l'image d'un pessimiste, toujours inquiet à propos de l'impact de ses découvertes, de la publication de ses livres, et prompt à s'enflammer contre les ignorants ou les plagiaires. Cependant, il compensait une vision de la société assez sinistre par un humour permanent. Alika et lui riaient beaucoup ensemble. Il présentait un humour juif new-yorkais typique. Et ce n'est pas pour rien qu'il aimait les frères Marx et Woody Allen.

Sur la piste des bêtes ignorées et *Le Kraken et le poulpe colossal* ont paru, chez Plon, dans la « Collection des découvertes », encore appelée « D'un monde à l'autre » : des livres sous couvertures souples, avec une jaquette au dos de laquelle « Plon » se détachait en blanc sur un fond noir. Bernard n'allait pas tarder à en devenir le directeur, et la collection finit par comporter une cinquantaine de titres, répartis dans toutes les branches du savoir. Citons, par exemple, le célèbre succès de C.W. Ceram : *Des Dieux, des Tombeaux, des Savants*, une série de livres de Henri-Paul Eydoux sur la Gaule, le livre du comte E. Corti sur Herculanum et Pompéi, etc. Sous la direction de Bernard, parurent les livres de grands noms tels que Raymond Cartier, Fernand Lot, Rémy Chauvin, Albert Ducrocq ; et également plusieurs traductions d'ouvrages importants, dont nous parlerons plus loin. Le livre de Ivan T. Sanderson, *Homme-des-neiges et Hommes-des-bois*, y paraît en 1963. A cette date, « D'un monde à l'autre » s'est scindé en « Découverte du passé » dirigée par Marcel Brion, de l'Académie Française, et « Découverte de la vie », dirigée par Bernard Heuvelmans, docteur ès sciences.

En Afrique du Sud, en 1967, Bernard avait rencontré à Johannesburg Peter Becker, grand spécialiste des populations africaines, qu'il avait interrogé sur les noms locaux de certaines bêtes ignorées. C'est une photo d'une fête chez les Bantous, prise par Bernard lors de son voyage qui orne la jaquette de *L'Attila noir* de Peter Becker, consacré à Mzilikazi, qui fonda l'empire des Matabélés. Ce livre sera un des derniers de la collection, dont, au fil des ans, les limites sont devenues moins nettes. Mais avant qu'elle ne disparaisse, Bernard a eu l'opportunité d'y faire paraître plusieurs traductions. Ainsi *La Vie fantastique des animaux* du grand zoologiste anglais Maurice Burton, son ami. Ce livre demeure un ouvrage fondamental dans ce que l'on pourrait appeler la *cryptoéthologie*, c'est-à-dire l'étude des comportements controversés de certains animaux. Publiée dans la collection « D'un monde à l'autre », la traduction de cet ouvrage en deux tomes parus en 1961, est assurée par Bernard (qui en a fait également la préface) et par le comte Guy de Germiny, spécialiste des oiseaux. Les exemples qu'on peut donner sur ce que développe ce livre sont des plus excitants : le hérisson transporte-t-il des pommes fichées sur ses épines ? Certains martinets passent-ils l'hiver chez nous, endormis dans des greniers ? Le renard pêche-t-il avec sa queue ? Les rats transportent-ils les œufs comme le décrivit La Fontaine ? Il y est aussi question du bain de fourmis des oiseaux, du sexe des hyènes, de l'âge des tortues, des funérailles animales...

Bernard Heuvelmans et son ami le Dr Maurice Burton, 1961
Bernard Heuvelmans and his friend Maurice Burton, PhD, 1961

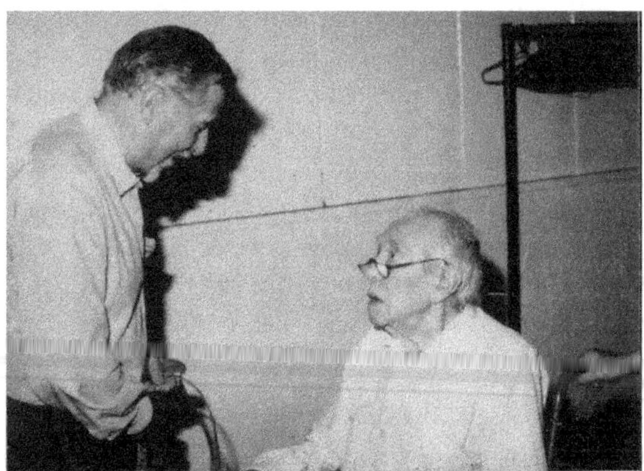

Les deux vieux amis plus de trente ans après, 22 juillet 1994
The two old friends more than thirty years later, July 22, 1994

Bernard assura la traduction d'autres ouvrages qu'il appréciait pour la « Collection des découvertes ». Ce furent *L'eau, sang de la terre* de Sarah Riedman (1954), le très original et anti-conformiste *Démons, Drogues et Docteurs* de Howard Haggard et l'*Histoire Naturelle des Sottises,* de Berger Evans, traduite par Bernard en collaboration avec Jean Mergault. On comprend qu'il ait aimé ce livre, qui bat en brèche toutes les idées reçues ! Qu'on en juge : la chaux vive, bien loin de détruire les cadavres, les conserve... Si la Grande Armée a été si éprouvée au passage de la Bérézina, c'est parce que celle-ci n'était pas gelée, en raison d'un hiver exceptionnellement clément. Mais, puisque nous parlons des nombreuses traductions que fit Bernard, il nous faut mentionner celles qu'il avait publiées précédemment :

— *Psychologie des rapports sexuels* de Théodor Reik, avec José-André Lacour (Editions du Triolet, 1948)
— *Introduction à la médecine psychosomatique* d'Alberto Seguin (L'Arche, 1950)
— *L'Amour dans une coquille de noix*, récit d'Anita Leslie, avec Claude Elsen (La Palatine, 1952)
— *Rivage de Barbarie*, roman de Norman Mailer, avec Claude Elsen (La Table Ronde, 1952)
— *Le Manuel de l'Obèse repenti*, d'Elmer Wheeler (Editions du Rocher, 1953)
— *Le Monde secret des animaux*, encyclopédie zoologique de Maurice Burton (Elsevier, 1953)

En 1960 se situe un épisode, demeuré fort célèbre, de la vie de Bernard. Le vainqueur de l'Everest, le Néo-Zélandais Sir Edmund Hillary, avait rapporté du Népal un prétendu scalp de yéti, en forme de pain de sucre. Bernard démontra que ce genre de scalp (dont se coiffaient les lamas dans les cérémonies pour représenter l'Homme-des-neiges) était fabriqué avec la peau du garrot du sérow, un ruminant asiatique habitant notamment l'Himalaya.

Bernard Heuvelmans examinant des poils attribués au yéti, janvier 1961
Bernard Heuvelmans examining some hair supposedly from a yeti, January 1961

Bernard Heuvelmans faisant analyser des poils attribués au yéti au Laboratoire de l'Identité Judiciaire de Paris, service du prof Ceccaldi (photo ORTF 2)
Bernard Heuvelmans has some supposed yeti hair analyzed at the Laboratoire de l'Identité Judiciaire de Paris (Paris forensic laboratory), professor Ceccaldi's department

Ces scalps imitaient autre chose et cet « autre chose » existait vraiment. Mais Hillary fit croire au public que, donc, le yéti était purement imaginaire. Ce faisant, le grand alpiniste avait porté un coup de Jarnac à la cryptozoologie naissante.

Avec son père Piet, Bernard publie en 1962, chez Plon, la traduction du livre *Le cœur inconnu de la Nouvelle-Guinée,* dû à deux auteurs hollandais, le Dr Brongersma et G.F. Venema.

Les parents de Bernard Heuvelmans, 1957 (photo BH)
Bernard Heuvelmans'parents, 1957

Bernard Heuvelmans et Alika Lindbergh à l'Ile du Levant. (photo BH)
Bernard Heuvelmans and Alika Lindbergh during one of their stays at the Ile du Levant.

Bernard Heuvelmans entouré de quelques amies, Ile du Levant, 1976. (photo BH)
Bernard Heuvelmans surrounded by some of his female friends, Ile du Levant, 1976.

Bernard Heuvelmans au bord du lac Nakuru, Kenya, 1967. (photo BH)
Bernard Heuvelmans on the shore of Lake Nakuru (Kenya), 1967.

Bernard Heuvelmans avec deux maîtres spirituels du Tibet, Château de Chaban, Dordogne,
octobre 1975. (photo BH)
Bernard Heuvelmans with two spiritual masters from Tibet, Castle of Chaban (Dordogne),
October 1975.

Bernard Heuvelmans avec le premier hurleur roux né en captivité, Centre de primatologie de Verlhiac, Dordogne, 1971. (photo BH)
Bernard Heuvelmans with the first red howler monkey ever born in captivity, Verlhiac (Dordogne), 1971.

Bernard Heuvelmans sur le Rio Dulce, Guatemala, 1969. (photo BH)
Bernard Heuvelmans on the waters of the Rio Dulce (Guatemala), 1969.

Bernard Heuvelmans et un sérow, animal dont la peau est à l'origine des faux scalps de yéti.
Bernard Heuvelmans in front of a naturalized serow, an animal whose skin has been used
for the fake yeti scalps.

Berncrd Heuvelmans et Rémy Chauvin. (photo BH)
Bernard Heuvelmans and Rémy Chauvin, Le Vésinet.

Bernard Heuvelmans devant l'homme pongoïde, juillet 1982. (photo BH)
Bernard Heuvelmans in front of the Homo pongoides drawn by Alika Lindbergh, July 1982.

Bernard Heuvelmans et le professeur Boris Porchnev, mai 1961. (photo BH)
Bernard Heuvelmans and professor Boris Porchnev, May 1961.

Restaurant La Moule en Folie, 14 décembre 1985 ; de gauche à droite : Charles Roux,
Roland Heu, Bernard Heuvelmans, Dominique Simon, Mme Augustin, Jean-Claude
Augustin, Jean-Jacques Barloy, Michel Meurger. (photo Pierre Paillard)
Restaurant La Moule en Folie, December 14, 1985 ; from left to right: Charles Roux,
Roland Heu, Bernard Heuvelmans, Dominique Simon, Mme Augustin, Jean-Claude
Augustin, Jean-Jacques Barloy, Michel Meurger.

Fondation de l'ISC, 8-9 janvier 1982 ; de gauche à droite : George R. Zug, Paul H. Leblond, Joseph F. Gennaro, Roy Mackal, Bernard Heuvelmans, Grover S. Krantz, Richard Greenwell, Forrest G. Wood.
Founding of the ISC, January 8th-9th, 1982; from left to right: George R. Zug, Paul H. Leblond, Joseph F. Gennaro, Roy Mackal, Bernard Heuvelmans, Grover S. Krantz, Richard Greenwell, Forrest G. Wood.

Bernard Heuvelmans dans son bureau, Le Vésinet, 1992. (photo Alastair Boyd)
Bernard Heuvelmans in his office, Le Vésinet, 1992.

Bernard Heuvelmans recevant un visiteur dans son bureau, Le Vésinet.
Bernard Heuvelmans hosting a guest in his office, Le Vésinet.

Bernard Heuvelmans et Pôm, Le Vésinet, début 1999. (photo BH)
Bernard Heuvelmans and Pôm (Alika's dog), Le Vésinet, beginning of 1999.

Bernard Heuvelmans et sa veste guatémaltèque, Le Vésinet, juillet1989. (photo BH)
Bernard Heuvelmans and his favorite Guatemalan jacket, Le Vésinet, July 1989.

V. Le Serpent-de-mer démasqué

Au début des années 60, la Télévision était en noir et blanc, mais elle possédait des émissions d'une qualité supérieure à celles que l'on peut voir aujourd'hui. C'est donc dans une ambiance fort acceptable que Bernard fut contacté pour une série d'émissions qui, quarante ans plus tard, restent célèbres pour les cryptozoologistes. Réalisée avec Jean-Marie Coldefy et Jean-Jacques Bloch, elle comportait douze émissions qui passèrent tous les quinze jours, le mercredi à 21 heures 30 (sauf la dernière, programmée tardivement). Cette série, intitulée *Sherlock au zoo*, dura donc de novembre 1961 à juillet 1962.

Bernard Heuvelmans et le professeur Schouteden qui faillit laisser détruire les
deux premiers exemplaires de paon congolais, 1961
Bernard Heuvelmans and professor Schouteden, who almost let the two first known
Congo peacock specimens to be destroyed, 1961

Certaines émissions étaient consacrées à des découvertes zoologiques retentissantes. *L'énigme de la plume zébrée*, par exemple, racontait l'histoire de la découverte du paon congolais (d'abord connu par une plume énigmatique). *La peau de l'ours noir et blanc* racontait, bien sûr, la découverte du grand panda tandis que *Les gorilles perdus et retrouvés* évoquait les étapes de la découverte du plus grand des singes anthropoïdes. *La métamorphose du saurien-kangourou* rappelait la difficulté qu'avaient eue les paléontologues à reconstituer l'iguanodon, un dinosaure bipède. La paléontologie était aussi concernée par *L'affaire des mammouths congelés*.

Les *Trois drôles d'oiseaux* étaient l'oiseau Rock, le dronte (ou dodo) de l'Ile Maurice et le phénix.

Bernard Heuvelmans devant un squelette de dodo, Institut Royal des Sciences Naturelles de Belgique, 1961
Bernard Heuvelmans in front of a dodo skeleton, Institut Royal des Sciences Naturelles de Belgique, *1961*

Quels chants chantaient les sirènes ? faisait découvrir des créatures plus attrayantes que *Le Vampire est-il coupable ? Le Portrait-robot de la licorne* prenait, lui, des allures de casse-tête, tout comme *Le puzzle de l'abominable Homme-des-neiges*, plus actuel. *Le Fantôme du Poulpe colossal* impressionnait, tandis que *Du dernier des dragons au monstre du Loch Ness* emmenait le téléspectateur de Komodo à l'Ecosse...

Bernard Heuvelmans plongeant au Loch Ness (Ecosse)
Bernard Heuvelmans diving at the Loch Ness (Scotland)

Impressionnés, intrigués, amusés, passionnés, les téléspectateurs furent enthousiastes. Le tournage de la série avait entraîné Bernard de Copenhague (pour la petite sirène) au Loch Ness (où il plongea seul, muni de simples lunettes sous-marines, dans les ténèbres d'une eau boueuse), en Allemagne (pour les varans de Komodo et les « néo-aurochs ») et même dans le Midi de la France, ce qui le ravit. Dans son

« bloc-notes » de *L'Express*, daté du 7 avril 1962, François Mauriac écrit, à propos du monstre du Loch Ness : « *J'apprends ce soir, grâce à un reportage de monsieur Heuvelmans, qu'il existe bel et bien.* » Par la suite, Bernard passera bien souvent sur des chaînes de télévision variées, ce qui déclenchera d'ailleurs d'incroyables et ridicules jalousies parmi les scientifiques. En mars 1966, il collabore à un *Dossier chimpanzé*. En 1970, aux *Dossiers de l'écran*, il participe à un débat sur les enfants-loups et les hommes-singes, débat précédé par un film — ou plutôt l'un des nombreux films — sur Tarzan. Le 27 juin 1971, l'O.R.T.F. fait de lui — « *honneur suprême* », dira-t-il [24] — son *Invité du Dimanche*. Au cours de l'émission passionnante, dont une grande partie est filmée dans le décor extraordinaire du domaine de Verlhiac, chez Scott et Alika Lindbergh, il va, en studio, « s'accrocher » avec Pierre Pfeffer, un zoologiste du Muséum de Paris, à propos de l'Homme pongoïde. Prémédité comme B.H. le prétendit, ou non, cet accrochage courtois fut assez drôle à l'écran... Du côté de la radio, mentionnons surtout, outre une « Radioscopie » par Jacques Chancel, la série *Les coulisses de l'Arche de Noé* en 1963-64.

Bernard aimait dire que le Kraken, le Serpent-de-mer et la sirène formaient « la Trinité océane » de la cryptozoologie. C'est donc au Serpent-de-mer qu'il va s'attaquer, les années suivantes (au Serpent-de-mer avec des tirets, car, nous allons le voir, ce n'est pas du tout un serpent !). Bernard tenait beaucoup à ce qu'on écrivît les noms de ce genre avec des tirets, parce que vache-de-mer, baleine-à-bec ou serpent-de-mer ne désignent ni une vache, ni une baleine, ni un serpent ; ce sont des expressions imagées. « *N'oubliez pas d'exiger des tirets dans Serpent-de-mer* » m'écrivait-il le 4 juin 1969.

Le Grand Serpent-de-mer
In the Wake of the Sea-serpent (*french edition*)

En 1965 paraît donc, toujours chez Plon, *Le Grand Serpent-de-mer*, avec en surtitre : *Histoire complète des bêtes ignorées de la mer*, et en sous-titre : *Le problème zoologique et sa solution*. L'ouvrage bénéficie d'un format beaucoup plus grand que les précédents avec en couverture, un fragment de la carte des régions septentrionales publié en 1539 par l'évêque suédois Olaüs Magnus, carte où abondent les monstres marins avec, entre autres, deux serpents-de-mer.

<hr>

(24) *L'Homme de Néanderthal est toujours vivant*, p. 367.

Durant le XIXe siècle et au début du XXe, le Serpent-de-mer était la plus célèbre des énigmes de la zoologie. Les témoignages des navigateurs qui avaient vu des « monstres marins » serpentiformes étaient très nombreux. Hélas, la presse, qui tantôt publie n'importe quoi sans vérification, tantôt se gausse à tort et à travers, ne prenait pas ces témoignages au sérieux, au point que toute allusion à un serpent-de-mer était aussitôt considérée comme une mystification ou un canular. La rumeur voulait que ce fût toujours au mois d'août, lorsque les journalistes n'avaient plus grand chose à commenter, que le fameux « Serpent » réapparaissait dans la presse. En revanche, nombre de zoologistes éminents, conscients des possibilités infinies des découvertes zoologiques qu'offraient les océans, s'interrogeaient sur l'identité de l'espèce — ou des espèces — qui se cachaient sous cette appellation.

Dix ans durant, Bernard s'est livré à un travail herculéen d'enquête et de dépouillement des témoignages, passant au crible revues, quotidiens, livres et archives maritimes. Ce labeur acharné va lui permettre de dresser l'inventaire de 548 témoignages dignes de foi, de l'Antiquité à 1964.

Au long des 752 pages du livre, il nous emmène de la Norvège à la Colombie britannique, de la baie d'Along, près d'Haïphong, à la côte du Massachusetts, de l'Ecosse à l'Australie. Les témoignages les plus typiques font état d'un animal ondulant à la surface de l'eau (mais verticalement alors que les vrais serpents, eux, ondulent transversalement), ou dressant son long cou à la manière d'un périscope. Grâce à de telles rencontres, certains navires sont passés à la postérité : *Osborne*, au large de la Sicile, en 1877, *Daedalus*, dans l'Atlantique Sud, en 1848, *Valhalla*, sur la côte brésilienne en 1905. Depuis ce yacht, deux zoologistes tout à fait compétents ont pu observer un animal marin, manifestement inconnu, au cou allongé et au dos portant une sorte de grande crête.

En 1915, un sous-marin allemand, l'*U-28*, torpille au large des côtes du Finistère, un steamer britannique, l'*Iberian*. Celui-ci a sombré depuis environ vingt-cinq secondes lorsqu'il explose. Postés sur le kiosque de l'*U-28*, les sous-mariniers allemands, stupéfaits, voient alors un incroyable animal long de vingt mètres et évoquant une sorte de crocodile, décrire un vol plané dans les airs...

En plus des témoignages, il y a eu, bien sûr, les échouages de dépouilles souvent informes, semblant ne correspondre à aucune espèce connue. Mais, là, bien des méprises sont possibles : Bernard démontre comment un cadavre de requin-pèlerin, dont la corbeille branchiale s'est détachée, peut prendre alors un faux aspect de plésiosaure. D'autres dépouilles, en revanche, ne peuvent être identifiées aussi aisément.

Au long de l'ouvrage apparaissent les grandes figures de la cryptozoologie avant la lettre. Nous y retrouvons Pontoppidan, qui étudia avec minutie le cas du Serpent-de-mer, et Pierre Denys de Montfort, qui avait trouvé son homologue en la personne d'un naturaliste franco-canadien, Constantin Samuel Rafinesque. En 1817-19, Rafinesque avait donné au Serpent-de-mer l'appellation scientifique de *Megophias monstrosus*. Ce savant excentrique et génial mérite lui aussi de figurer dans la galerie des savants maudits : rejeté par la communauté scientifique, il s'éteignit en 1840 après une douloureuse maladie, seul dans son taudis de Philadelphie.

Bernard Heuvelmans examinant les dossiers impubliés du Dr Antoon Cornelius Oudemans,
Gouda, mai 1959 (photo BH)
Bernard Heuvelmans examining Dr Antoon Cornelius Oudemans' unpublished files,
Gouda (Netherlands), May 1959

Puis vint Oudemans... Eminent zoologiste hollandais, Antoon Cornelius Oudemans a
l'audace de publier en 1892 un ouvrage intitulé *Le Grand Serpent-de-mer* dans lequel
il dresse un portrait-robot du mystérieux animal en qui il voit une sorte de phoque au
cou très allongé et à longue queue. Bernard prit la peine d'aller à Gouda consulter les
archives inédites de Oudemans. Il ne cache pas l'émotion qui le saisit alors :

On sentait (écrit-il dans son livre) *qu'il avait désiré ardemment que quelqu'un*
continuât son œuvre, et j'avais l'impression en lisant qu'il était penché par dessus
mon épaule, qu'il me conseillait et m'encourageait, qu'il souriait avec bienveil-
lance, dans sa barbiche, de mon émerveillement.

Effectuant un travail de tri et de classification en utilisant des cartes pré-perfo-
rées — « *le plus primitif des ordinateurs* », disait-il — Bernard était donc arrivé au
chiffre de 548 observations [25]. L'élimination des canulars, des méprises et des observations douteuses ou incompréhensibles ramenait à 326 le nombre de témoignages dignes d'intérêt. C'est à partir de ceux-ci qu'il dressa un portrait-robot des
animaux en cause, donnant à chacun d'eux un nom pittoresque et imagé, et même,
à la plupart, une appellation latine. Il semble que les trois premiers soient en fait des
cétacés primitifs. C'est, d'abord, la Super-loutre, confinée surtout aux côtes de
Norvège, et qui semble d'ailleurs éteinte. Son nom latin est *Hyperhydra*
egedei — la Super-loutre de Egede, celui-ci étant le missionnaire danois qui l'a rencontré en 1734 sur la côte du Groenland. Le Multibosse, lui, doit son nom à la série
de bosses qui ornent son dos. Fréquentant surtout la côte atlantique du Nord-Est des
Etats-Unis, il mérite donc son nom latin de *Plurigibbosus novaeangliae* — celui-à-
bosses-multiples de la Nouvelle-Angleterre. Au contraire, le Multiaileron est surtout l'hôte des mers tropicales : le Serpent-de-mer de la baie d'Along, c'est lui. Il
est protégé par une cuirasse articulée et, sur ses flancs, est doté d'une série d'aile-
rons triangulaires. Son nom scientifique est : *Cetioscolopendra aeliani* ; il signifie
la « Scolopendre cétacée d'Elien », l'écrivain grec qui fut le premier à la décrire.

(25) Chiffre qui passera à 614 dans l'édition de 1974 de l'ouvrage (inventaire toujours arrêté à 1964).

Après ces trois archéocètes — des cétacés archaïques donc — viennent deux pinnipèdes, ou carnivores marins du groupe des phoques et des otaries. En premier lieu, le cheval marin aux grands yeux, pourvu d'une crinière flottante et capable de plonger à une assez grande profondeur. Bien que cosmopolite, il fréquente particulièrement le littoral pacifique du Canada, autrement dit de la Colombie britannique. Bernard l'a baptisé *Halshippus olaimagni* — le cheval marin d'Olaüs Magnus — celui-ci ayant sans doute été le premier à le décrire. L'autre pinnipède est spécialement cher au cœur des cryptozoologistes et l'on comprend aisément pourquoi. Il s'agit de l'otarie à long cou, ou, plus simplement : le long-cou (en latin *Megalotaria longicollis*). Cet énorme pinnipède au cou démesuré et au dos plus ou moins bossu a été rencontré dans presque toutes les mers du monde, et assez souvent sur les côtes d'Europe occidentale. Bernard estime que jadis, les longs-cous ont pénétré en eau douce par des fjords, et ont été « piégés » dans des lacs. Il considère par conséquent que les monstres lacustres des régions tempérées, tant boréales qu'australes (à commencer par ceux du Loch Ness) sont des otaries à long cou. Bref, une hypothèse qui permet de faire d'une pierre deux coups. Tous les serpents-de-mer, cependant, ne sont pas des mammifères. L'appellation d'anguilliformes géants regroupe plusieurs poissons inconnus, à silhouette d'anguille ou de congre. Le Saurien océanique lui, est particulièrement fascinant et a fait rêver des légions de passionnés de cryptozoologie. C'est manifestement un reptile marin rescapé de l'ère secondaire — peut-être un mosasaure — et qui a été observé non loin de l'Europe. Les deux derniers types sont plus imprécis, en raison du peu de témoignages qui les concernent. Ce sont le « Père-de-toutes-les-tortues », qui se présente comme une tortue démesurée, tandis que le « Jaune » intrigue par sa silhouette de têtard gigantesque...

Photos, cartes, illustrations, dont de très nombreux dessins de Monique Watteau (devenue Alika entre les deux tomes) enrichissent *Le Kraken et le Poulpe colossal* ainsi que *Le Grand Serpent-de-mer* véritable somme de toutes les connaissances actuelles sur la question, deux livres qui deviennent donc le pendant, pour le milieu océanique, de ce que fut *Sur la piste des bêtes ignorées* dans le domaine terrestre.

VI. Saveurs Africaines

Février 1967 est un grand tournant dans la vie de Bernard. Pour la première fois, il s'envole vers un autre continent, et dont il rêve depuis l'enfance : cette Afrique noire, patrie de l'oryctérope, et qui tient une si grande place dans *Sur la piste des bêtes ignorées.*Première étape, après une escale aux Iles du Cap Vert, l'Angola, et, plus précisément, Ilha do Sal. Première curiosité naturelle fixée sur la pellicule : un « arbre à saucisses ». Mais une première petite déception (il y en aura peu ou pas d'autres) : en Afrique, on ne bronze pas facilement.

Deuxième étape, après un impressionnant survol des étendues désertiques du Sud-Ouest africain (devenu la Namibie) : l'Afrique du Sud où il est accueilli comme un V.I.P. Ce prestige est dû essentiellement à la traduction en anglais de *Sur la piste des bêtes ignorées* qui semble avoir passionné beaucoup de monde là-bas.

D'emblée, reçu à bras ouverts comme un écrivain et un zoologiste célèbre, il est assailli par des paparazzi (il emploie ce terme). Interviews, cocktails, réceptions se succèdent à un rythme accéléré : « *Si j'acceptais toutes les invitations,* [écrit-il à Alika] *je pourrais passer plusieurs années ici !* »

Les mondanités, hélas, retiennent Bernard dans le cadre moderne des villes, et ce n'est pas ce qu'il est venu chercher en Afrique. Il a hâte de découvrir la nature sauvage et ses animaux. Nous pourrons presque le suivre pas à pas, car il envoie, tout au long de son voyage, des lettres détaillées à Alika, et rédige un journal de voyage.

Bernard Heuvelmans photographiant des autruches sauvages, Afrique du Sud, 1967 (photo Harald Pager)
Bernard Heuvelmans photographing wild ostriches, South Africa, 1967

Enfin ! Fuyant journalistes et mondanités, il découvre les parcs et les réserves où il peut voir et approcher la grande faune africaine. Il en rapportera d'extraordinaires photographies, qui dévoilent une facette de plus de cet homme surdoué. Il observe, et photographie, bien sûr, bontebok (damalisque à queue blanche), hippotrague noir, springbok et autres antilopes. Il rend visite aux rhinocéros blancs d'Umfolozi qui le laissent venir très près d'eux, car, contrairement aux rhinocéros noirs, ils sont assez placides et rarement agressifs. « *Avec un peu de chance*, dira-t-il plus tard, *j'aurais pu rencontrer un guépard royal dans le parc naturel Krüger.* »

Il participe à une opération difficile de capture (pour la bonne cause, celle de leur protection) de zèbres de montagne destinée à sauvegarder cet animal rare protégé dans le Mountain Zebra National Park.

Bernard Heuvelmans tenant le plus grand crâne de crocodile trouvé localement, Saint Lucia Lake,
Bernard Heuvelmans holding the largest crocodile skull found locally, Saint Lucia Lake, Zululand, Natal,
April 8, 1967 (Photo BH)

Il examine le crâne du plus grand crocodile jamais trouvé au lac Saint-Lucia, un crocodile qui devait dépasser les six mètres, puis il va rêver au bord de Table Bay, près du Cap, haut lieu de l'histoire du Serpent-de-mer.

Invité (on pourrait dire plutôt pris en main) par son ami Harald Pager, l'un des plus grands spécialistes mondiaux de l'art Bochiman, Bernard est quelque peu agacé d'être ainsi dépendant des directives d'autrui, mais heureux de survoler en planeur le Transvaal grâce à lui, et d'explorer avec lui des cavernes ornées de l'extraordinaire gorge de Ndedema dans le Drakensberg. En effet, les peintures rupestres bushman sont d'un très grand intérêt zoologique et cryptozoologique, et Bernard y reviendra plus d'une fois dans ses ouvrages.

Au cours d'une marche pénible et harassante dans le Drakensberg, voici que retentissent des glapissements de babouins, et dans une lettre, Bernard le raconte avec son humour habituel :

Une femelle criait : « Attention ! Il paraît qu'un zoologiste de Paris s'amène ». Une autre a répondu : « Mais oui, c'est le Dr Poupie [26]*, le zoologiste de charme, briquons nos belles fesses écarlates en son honneur ! »*

[26] « Poupie » était l'appellation que lui donnait Alika, en lieu et place de « Papy », lorsque son rôle de « père-singe » était concerné.

En observant des phacochères entre Hluhluwe et Umfolosi, Bernard a une illumination (qu'à ma connaissance il n'a pas publiée). Il les voit détaler en effet avec *« leur petite queue dressée comme un trolley de tram, et même dressée vers l'avant comme un scorpion » : Comme un scorpion, écrit-il. Soudain, je pense au Catoblépas des Anciens, avec son énorme tête et sa queue ornée d'un dard venimeux, et je revois ses illustrations qui m'ont toujours fait penser au phacochère. Mais c'est évident, voilà l'explication de la queue empoisonnée.*

Près de Springs, Bernard connaît des émotions d'une autre sorte lorsqu'il descend — avec casque et équipement adéquat — à plus de mille mètres de profondeur, dans une mine d'or, où il a bien du mal à éviter les wagonnets lancés à toute allure. Un peu partout en Afrique du Sud, Bernard est intrigué par un parfum puissant, odeur de la terre, des épices, de la végétation, le même qui frappera Alika, elle aussi, lorsqu'elle arrivera au Togo, en 1989 ; parfum sensuel, subtil, fort — et sauvage — parfum de l'Afrique qui agit comme un philtre magique sur ceux qui le respirent une fois dans leur vie, et en garderont la nostalgie.

A Harrismith, Bernard demande à une jeune serveuse Zoulou la permission de la photographier. Elle refuse, mais elle acceptera lors de son deuxième passage au restaurant. Elle s'appelle Florence. *« Il y a donc* [écrit Bernard] *à Harrismith une jeune fille qui se nomme Florence alors qu'il n'y a sans doute pas à Florence une jeune fille qui s'appelle Harrismith. Mais peut-être y a-t-il une Harriet Smith là-bas. Tout un monde de belles théories s'écroule. Passons. »*

Une grande joie va ensoleiller vraiment le séjour de Bernard en Afrique du Sud : il rencontre le professeur J.L.B. Smith, le célèbre découvreur du cœlacanthe et constate avec émotion qu'il est un de ses « grands fans ». La traduction anglaise de *Sur la piste des bêtes ignorées* a été son livre de chevet durant des années, au point qu'il est décidé à écrire la préface de la traduction du *Grand Serpent-de-mer*.

Bernard Heuvelmans et le professeur J.L.B. Smith, descripteur du coelacanthe,
Grahamstown, Afrique du Sud, 16 mars 1967 (photo BH)
Bernard Heuvelmans and professor J.L.B. Smith, who described the coelacanth,
Grahamstown, South Africa, March 16, 1967

Smith devait, hélas, mourir l'année suivante. Bernard apprendra qu'il s'est suicidé. Atteint d'un cancer incurable, il avait attendu, pour mettre fin à son calvaire, d'avoir terminé son grand ouvrage sur les poissons d'Afrique du Sud.

Bernard rencontre également Miss Courtenay-Latimer, qui alerta Smith à propos du premier cœlacanthe (baptisé *Latimeria* en son honneur) et elle lui montre le seul œuf (présumé) de dronte — ou dodo — connu au monde.

Bernard se rend ensuite à la grotte de Sterkfontein, où a été découvert le premier australopithèque. Grâce au grand paléontologue Phillip V. Tobias, il peut tenir dans ses mains plusieurs crânes d'australopithèques.

Bernard Heuvelmans, grotte de Sterkfontein, 26 février 1967 (photo BH)
Bernard Heuvelmans at the Sterkfontein cave where the first Australopithecus was discovered, South Africa, February 26, 1967

De l'Afrique du Sud, il s'envole alors pour le Kenya, puis pour l'Ouganda. Il y photographie des serpentaires, des marabouts, des nids de tisserins. Sur la route qui va de Nairobi à Nyeri, il voit retirer un céphalophe de Grimm, une petite antilope d'une quinzaine de kilos, de l'estomac d'un python de Seba approchant quatre mètres de long... Dans le Nairobi National Park, il observe et photographie avec amour trois guépards magnifiques. Il explore d'abord en voiture puis après que celle-ci se soit embourbée, à pied, le parc national des Monts Aberdares, refuge du mystérieux lion tacheté, auquel il a consacré une dizaine de pages de *Sur la piste*. Séduit par ce pays, où l'on peut vraiment approcher la faune sauvage, il s'écrie :

« Ah ! si l'on pouvait combiner harmonieusement l'Ile du Levant et le Kenya, ce serait vraiment le Paradis retrouvé ! »

Au Kenya, Bernard rencontre le grand spécialiste de paléontologie humaine L.S.B. Leakey. Il est le très célèbre découvreur du Zinjanthrope (un australopithèque robuste) et de l'Homo habilis. Une fois de plus, pour sa plus grande joie, il s'aperçoit que Leakey, lui aussi, s'intéresse vivement à la cryptozoologie, et notamment à l'ours Nandi. Il connaît bien *Sur la piste des bêtes ignorées* et signale à Bernard l'existence possible, en Ethiopie, d'un cerf inconnu et d'un animal « ignoré » à l'aspect de marmotte.

Puis il donne son avis sur le yéti : « *Si cette histoire est fondée,* [dit-il] *ce doit être un gigantopithèque, lequel, à mon avis, doit être un oréopithèque démesuré* ». Bernard note : « *Ça, c'est nouveau et très* intéressant. » (découvert en 1959 en Toscane, l'oréopithèque — ce qui signifie : singe de la montagne — est un primate du Miocène, très vite baptisé « l'homme de Grosseto »).

Quant au Docteur van den Berghe, un scientifique belge d'un grand courage, il va révéler à Bernard un détail ignoré sur la découverte du paon congolais au Musée de Tervueren, en Belgique : destinés à être détruits, les deux spécimens naturalisés devaient être brûlés le lendemain de leur découverte par James Chapin ; celui-ci les aperçut en empruntant, à cause de la pluie, un chemin inhabituel qui, par les caves du Musée, menait au bistrot d'en face et, après les avoir bien étudiés, s'aperçut qu'il s'agissait d'une espèce inconnue.

Une autre rencontre, imprévue celle-là, permet à Bernard de faire la connaissance de Peter Ryhiner, qui cherche à le rencontrer depuis près de dix ans. Il affirme connaître un homme qui a vu trois orang pendek à Sumatra, et qui en a tracé un portrait <u>identique</u> (souligné par Bernard) à celui fait par Alika pour *Sur la piste des bêtes ignorées*. Rencontre encore, mais d'un autre genre, celle de Mrs Halse :

Elle, une grande fille blonde très classiquement « mannequin » est vraiment gentille. En fait, elle était un des mannequins du pavillon américain à Bruxelles (27) *et je crois me souvenir de l'avoir photographiée ; je vérifierai cela à Paris. Que le monde est petit !*

Lions, éléphants, girafes, gnous, sous les immenses et merveilleux cieux d'Afrique, autant d'animaux dont les rencontres émaillent le séjour de Bernard. Tout comme des caracals, servals, et panthères, apprivoisés, avec qui il se laisse, radieux et ému, photographier par des amis. Comme bouquet final, l'envol des centaines de milliers de flamants du lac Nakuru : « *un spectacle*, dit-il, *d'une grandeur apocalyptique.* » Sur le sol tapissé de plumes, Bernard en ramasse une, qu'il enverra à Alika dans sa prochaine lettre...

Sur le plan humain — car la rencontre de Bernard avec les animaux et la nature africaine a été essentielle et inoubliable —, sur le plan humain donc, deux points forts passeront à la postérité : les rencontres Smith-Heuvelmans et Leakey Heuvelmans, des rencontres entre des hommes d'exception, de grands découvreurs qui ont fait reculer les limites de l'inconnu. Mais il y eut aussi, bien sûr, une histoire d'amour avec une très belle Africaine, Mary Keimano, dont il rapporte de superbes photos...

Mary Keimano, 1967 (photo BH)

(27) Il s'agit de l'Exposition Universelle de 1958, à laquelle Bernard et Alika s'étaient rendus ensemble

VII. À portée de la main :
La découverte du siècle

...Et c'est alors que nous LE vîmes pour la première fois...

Bernard a écrit « LE » en lettres capitales. Et c'est parfaitement justifié car, à cet instant, se produit une découverte énorme. C'est la découverte du siècle, peut-être même celle du millénaire, comme on l'a dit. Elle faisait basculer les idées scientifiques les plus importantes concernant l'homme — ou du moins elle aurait dû les faire basculer... Hélas, toute découverte à proprement parler révolutionnaire qui menace de bouleverser les idées reçues, l'ordre établi, n'entraîne pas que la stupéfaction et l'émerveillement, mais aussi l'hostilité, voire l'indignation. Dans cette affaire, on ne peut mettre en doute ni, bien sûr, la très grande compétence de Bernard en zoologie, ni son honnêteté intellectuelle. Pour qui l'a bien connu ou a seulement lu ses livres avec attention, une chose est certaine : il fallait qu'il fût absolument sûr de lui pour prendre position avec autant d'assurance et pour affirmer qu'IL était un spécimen biologique, et d'une espèce (ou sous-espèce) inconnue.
L'histoire se passe en Amérique, et il faut la raconter dans son contexte : le voyage de Bernard au Nouveau Monde, en octobre 1968, au cours duquel il allait rencontrer son destin et voir toutes ses convictions géniales, et ses rêves, justifiés par une rencontre avec le plus émouvant des cadavres.

Lorsqu'un avion de la Sabena le dépose à l'aéroport J.F. Kennedy de New York, il y vient, pour la première fois, à l'occasion de la parution en langue anglaise de *Le Grand Serpent-de-mer* (*In the Wake of the Sea Serpent*) paru chez Hill & Wang.

In the Wake of the Sea-Serpents

1ère rencontre à JFK, 1968 ; de gauche à droite : Ivan Sanderson, Mrs Gail Schlegel (directrice de la publicité pour Hill&Wang), Bernard Heuvelmans, Walter McGraw (photo SABENA)
1^{rst} meeting at JFK, 1968; from left to right: Ivan Sanderson, Mrs Gail Schlegel (advertising director for Hill & Wang), Bernard Heuvelmans, Walter McGraw

Gail Schlegel, directrice de la publicité de son éditeur américain, et Ivan T. Sanderson l'accueillent chaleureusement. Ivan T. Sanderson est un nom qui revient souvent dans l'histoire de la cryptozoologie puisque, souvenons-nous-en, c'est son article *Il pourrait encore y avoir des dinosaures* qui fut à l'origine de la vocation cryptozoologique de Bernard. Naturaliste de terrain, Ivan était britannique, mais s'était fixé aux Etats-Unis. Il s'y était passionné de plus en plus pour les animaux mystérieux mais aussi pour une foule d'autres sujets étranges, et, malheureusement, avec un esprit enclin aux exagérations, de moins en moins critique, ce qui finit par beaucoup irriter le rigoureux Bernard dont la circonspection scientifique tempérait toujours la précipitation d'Ivan.

Lorsque Bernard arrive à New York, ils sont amis, par correspondance, de longue date, mais ils se voient pour la première fois. Bernard va loger chez Ivan et son épouse Alma qui habitent l'ancien logement du gangster « Dutch » Schultz.

New York plaît beaucoup à Bernard (peut-être parce que, si l'on peut dire que Paris n'est pas la France, on peut a fortiori affirmer que New York n'est pas l'Amérique...). La ville n'est pas aussi bruyante qu'il l'avait imaginé et les gratte-ciels y sont, finalement, peu nombreux. Et s'il déplorera bientôt que les Américains compliquent tout, il notera avec satisfaction que sa voix de velours semble impressionner les Américaines...

Tout comme en Afrique du Sud, l'accueil des médias est excellent, voire envahissant. La première interview a lieu, déjà, dans la voiture qu'il a prise à l'aéroport : radios et télévisions ne vont plus le lâcher. Il écrit :

Soit dit par parenthèses, Ivan et Alma me présentent à tout le monde, partout où nous allons, aux portiers, barmans, épiciers, marchands de vins et liqueurs, vendeuses de drugstore, chauffeurs de taxi, concierges, tous les gens de toutes couleurs et de toutes conditions sociales. Et tous ces gens sont flattés, gentils, chaleureux.

C'est très étonnant : à New York, chacun vit dans un petit village, où tout le monde se connaît, où tout le monde s'appelle par son petit nom.

Il a droit à une « birthday party » pour son anniversaire, où il côtoie des gens de toutes origines, souvent excentriques, comme il en est à Paris dans les milieux d'artistes. Il s'amuse beaucoup, d'autant qu'il se sent le bienvenu : on lui a en effet attribué un visa de durée indéterminée, faveur exceptionnelle. Ce visa comporte les lettres P.R.S. destinées aux visiteurs que le gouvernement américain souhaite voir se fixer dans le pays.

Et parce que, comme il le dit si souvent : « *le monde est petit* », après une émission télé, Gail Schlegel, qui bavarde avec une jeune assistante impressionnée par la présence de Bernard, la lui amène. En effet, la jeune femme lui a dit : « *C'est curieux, quand j'ai vu mon père ce matin, il portait sous le bras le livre du Dr Heuvelmans. C'est lui qui va en faire la critique pour* Natural History. »

Or, ce père était... Willy Ley, un autre pionnier de la cryptozoologie pour lequel Bernard éprouvait la plus grande admiration depuis de longues années et qu'il eut ainsi la joie de pouvoir rencontrer quelques jours plus tard. Faut-il dire que les émissions de télévision auxquelles il est convié sont très inégales, et pour certaines, d'un niveau déplorable ? Ainsi, au cours de l'une d'elles, passe un film montrant un lac, et le présentateur tente de persuader le public qu'un monstre y apparaît. « *Une pantalonnade* », dira Bernard. Heureusement, tout n'est pas aussi ridicule !

Bernard Heuvelmans et Ivan Sanderson, Weyauwega, 1968
Bernard Heuvelmans and Ivan Sanderson in Weyauwega, 1968

Ivan possède une « ferme » (au sens américain du terme) dans le New Jersey, où il emmène Bernard. Au bout de la route apparaît le premier représentant de la faune américaine qu'il verra : c'est un spectaculaire cerf de Virginie, l'un des plus beaux qui soient.

Sur le bureau d'Ivan, Bernard découvre avec surprise des objets naturels, champignons, coraux, crânes d'animaux, etc., dorés, comme lui-même en a sur son propre bureau. Ces fausses coïncidences l'enchanteront toujours. Mais si Ivan et lui ont un certain nombre de points communs, bien des choses les séparent. Ainsi, dans les conversations d'Ivan et de son entourage, il entend tenir des propos qui le choquent profondément. Par exemple qu'« il faut bombarder la Terre entière à coups de bombes atomiques pour faire triompher l'*American Way of Life* »... Il entend aussi répéter les rumeurs les plus étonnantes. Par exemple que Ian Fleming qui avait été un grand ami d'Ivan, serait mort assassiné, que sa femme aurait rédigé ses romans, et que ce serait son frère, Peter Fleming, le vrai James Bond [28], Oswald, l'assassin de Kennedy, aurait été « téléguidé » ou, au contraire, son sosie aurait commis le crime ! Dans l'entourage d'Ivan, plusieurs personnes croient que les Martiens leur ont greffé des appareils d'écoute dans le cerveau, etc... Au milieu de ce délire mythomaniaque, Bernard se sent de moins en moins à sa place...

Mais... il se promène dans la campagne alentour avec une charmante jeune fille, Suzie Waldron, qui a travaillé à l'ambassade de Grande-Bretagne à Paris. Et, comme souvent, la compagnie d'une femme et la beauté de la nature, lui rendent sa sérénité, au moins provisoirement !

En compagnie de Suzie, il visite Greenwich Village, puis le Stock Exchange (autrement dit la Bourse). Dans l'autobus, il rencontre un médecin philippin qui est prêt à lui offrir un couple de cerfs nains de Mindanao, incroyablement petits, selon lui. Avec Suzie, encore, il va voir la collection Frick, qui réunit un nombre impressionnant de tableaux de grands peintres. Bernard, qui a toujours aimé la peinture, en sort « *absolument ahuri et ébloui* ».

Au cours d'un de ses allers et retours entre le New Jersey et New York, il rencontre Roger C. Caras, l'auteur de *Dangerous to Man*, qui lui signale un témoignage inédit sur le Serpent-de-mer, en Afrique du Sud, en 1881.

Qualifié par les médias de « grand », d'« éminent », de « célèbre », considéré comme « *the Charles Boyer of the Animal World* », Bernard, flatté mais un peu las de tant d'agitation, se réfugie sur les bancs de Central Park, où il retrouve « sa famille », les animaux : pigeons et écureuils gris. Et les arbres, bien sûr, et l'herbe... Ceci, pour lui, est un reflet du paradis, mais bientôt, au cours d'un rapide aller et retour à Atlanta, pour une émission de télévision, il va plonger en Enfer... Venu voir le célèbre spécialiste britannique des primates, le Dr W.C. Osman Hill, qui travaille alors au Yerkes Primate Research Center, il visite le centre. Oui, c'est bien une effrayante descente aux enfers, qu'il n'oubliera jamais, et dont jamais il ne pourra parler sans avoir les larmes aux yeux, sans que ses poings se serrent de colère impuissante. Des gorilles, des orangsoutans, des chimpanzés y sont détenus dans de sinistres cellules de béton et de métal. Des singes d'espèces plus petites sont enfermés dans de minuscules cages entièrement en grillage : ils ont le crâne percé d'électrodes...

Quand on passe devant les cages des chimpanzés, ceux-ci hurlent, crachent, trépignent, jettent leurs excréments sur les visiteurs... « *Un océan de fureur et d'hostilité* », écrit Bernard qui ajoute : « *Je n'ai jamais eu tant de honte d'être un homme* ». Et conclut : « *Ce sont des travaux isolés, inutiles. La Science pour la Science. Aussi bête que la Littérature pour la Littérature.* ».

---

(28) Ian Fleming avait emprunté le nom de James Bond, avec son accord, à un ornithologiste bien connu.

Osman Hill, d'ailleurs, désapprouve de telles conditions de détention et de pareilles expériences. Lui-même dissèque un macaque bizarre (peut-être hybride ?) abattu sans raison, par simple phobie des microbes — chose courante en Amérique.

Fuyant ces visions qui le poursuivront longtemps, Bernard revient à New York où il achète une petite représentation à la fois colombienne (le pays) et précolombienne (l'époque) du cheval-marin, l'un des types de serpent-de-mer qu'il a décrits.
En marchant à travers la ville, il croise une jeune femme noire qu'il reconnaît en un éclair : c'est Diana Ross, la soliste des *Supremes*. Il se retourne, et elle aussi, avec un éblouissant sourire. Trop tard : elle est happée par la foule. Mais ils se sont reconnus, et pourtant, ils ne s'étaient rencontrés qu'un instant, trois ans plus tôt, et alors qu'il était imberbe...
Frappé par le fait que les gens avec lesquels il se lie d'amitié se découvrent toujours des amis communs avec lui, il en tire cette conclusion qui mérite d'être méditée :

En fin de compte, tout le monde connaît tout le monde au travers d'amis, et cela forme une petite camarilla internationale, composée en définitive de bien peu de gens (pas beaucoup plus d'un millier, j'ai l'impression) qui font quelque chose de valable, et qui laisseront quelque chose de leur passage sur cette planète.

Lors d'un nouveau séjour à la ferme de Sanderson, il aperçoit un petit carnivore, un mustélidé sans aucun doute, qui se glisse vivement entre les arbres. Parmi les oiseaux qui viennent manger les graines disposées à leur intention apparaît souvent un superbe cardinal : « *En Europe, nous n'avons pas, il me semble,* » souligne-t-il avec justesse, « *un seul oiseau tout rouge.* »
Bernard était de ceux — de plus en plus rares aujourd'hui — qui pensaient qu'on ne peut ni bien voir ni comprendre un pays en y passant à toute vitesse. Il était resté des mois en Afrique, et savait fort bien que c'est ainsi, en s'arrêtant quelque part, que l'essence même d'un pays est ressentie et... que les animaux peu à peu, sortent de leurs retraites. Aussi, passe-t-il des semaines à New York et dans le New Jersey, mais tout en préparant son projet d'expédition vers l'Amérique Centrale et peut-être l'Amérique du Sud. Il a décidé en effet de profiter de son séjour dans le Nouveau Monde pour découvrir « le continent vert des naturalistes ». Un géologue et ingénieur d'origine allemande, Jack Ullrich, est venu le retrouver à la ferme d'Ivan, et tous deux forment le projet de partir, dans la Land-Rover de Jack, vers le Sud. Mais bien des problèmes restent à régler, notamment financiers. Tandis qu'ils s'organisent sans hâte (Bernard n'a jamais supporté la précipitation), le destin va frapper un grand coup : le 9 décembre, un propriétaire de vivarium, Terry Cullen, téléphone à Sanderson pour lui signaler qu'un forain exhibe dans les foires une sorte d'homme-des-neiges inclus dans un bloc de glace (il était tout naturel qu'il communiquât cette information à Ivan puisque celui-ci avait publié en 1961 un ouvrage sur les primates mystérieux, paru, d'ailleurs, deux ans plus tard en français, chez Plon [29]. Un second coup de fil de Terry Cullen et une enquête d'Ivan permettent de localiser le forain en question : c'est un certain Frank D. Hansen, qui se trouve alors à son domicile à Rollingstone, dans le comté de Winona, au Minnesota.

---

(29) *Hommes-des-neiges et Hommes-des-bois*, Ed. Plon, Paris, 1963.

Contacté par télégramme, il accepte de recevoir Sanderson, qui demande à Bernard de l'accompagner. Bernard est très réservé quant au sérieux de cette affaire. Il pense que la créature exhibée pourrait être un cynopithèque, grand macaque noir de Célèbes, et il fait part à Alika, dans une lettre, de ses réticences vis-à-vis des « emballements » de Ivan. Mais il a pour principe de toujours « aller y voir » quand c'est possible, lorsqu'un spécimen bizarre est signalé, et, à contre-cœur, il part pour le Minnesota avec Ivan, lui qui a horreur des longs parcours en voiture... Le trajet est affreusement monotone, et on n'y croise que très peu de représentants de la faune sauvage, ce qui le rend plus ennuyeux encore.

Toutefois, en approchant de la petite ville de Tomah, Bernard plaisante : « *J'espère que là-bas nous allons au moins voir leurs fameux* hawks » (faucons ou éperviers). [*Les Tomahawks... vous saisissez l'allusion ?*]. Or, dix minutes plus tard, Ivan s'écrie : « *Oh ! Regarde, là, dans l'arbre, le merveilleux* hawk ! » En effet, un rapace superbe est là, perché sur une basse branche. Et Bernard de commenter :

« Cette anecdote me paraît un nouvel exemple parfait du mécanisme de la voyance : une coïncidence me paraît ici devoir être écartée [....] Intéressant, non ? »

Arrivé dans les collines enneigées du Minnesota, il écrit, comme si souvent, à Alika, et voici comment il commence sa lettre, le 18 décembre :

Tu dois te demander ce que diable je puis bien faire au Minnesota, à 1800 kilomètres de New York (la distance de Paris à Bucarest ou à la Biélorussie). Pour parvenir ici, j'ai dû voyager trois jours pleins en voiture, à raison de quelque quinze heures par jour, avec Ivan. Si nous sommes ici, c'est en principe pour contrôler — et éventuellement expertiser — l'existence d'un être velu, enfermé dans un bloc de glace, découvert, paraît-il, par des chasseurs de phoques russes, au large du Kamtchatka, volé ensuite par les autorités chinoises et enfin acheté par un montreur de foire qui l'exhibe depuis un an à travers les U.S.A. En principe, nous devons voir le bonhomme et sa « chose » demain. Inutile de dire que je ne me fais pas la moindre illusion sur ce que nous allons voir, si même on nous laisse voir quelque chose.

Il reprend sa lettre à 16 heures trente, dans un tout autre état d'esprit : « *Je viens d'aller examiner le fameux homme velu et je dois dire que je reviens très impressionné par ce que j'ai vu.* » Et il en donne une description illustrée par un dessin. L'être mesure environ 1,80 mètre. Il est couché dans une sorte de cercueil réfrigéré d'environ un mètre sur deux, recouvert d'une vitre. Il est inclus dans de la glace qui « *a été enlevée jusqu'assez près de la peau* ». Bien que très velu, il est d'aspect humain. Doigts et surtout orteils sont énormes. La peau est claire, cireuse, les poils bruns noirâtres, longs de 7 à 8 cm, plus rares sur la poitrine et presque absents sur la face. Le crâne a été défoncé, l'œil droit « *semble pendre hors de l'orbite* » (ce qui se confirmera). Le bras gauche a été cassé, et cette fracture lui donne un aspect courbe : l'os en ressort.

Le tout est extrêmement impressionnant comme tu peux l'imaginer [poursuit Bernard]. *Pour moi, il pourrait bien s'agir d'un Néanderthalien, tué, je pense, récemment, car il a l'air d'une extrême fraîcheur.*

Ce que le forain, lui, disait sur la nature de sa « chose » était confus, et l'inscription que portait sa roulotte était absurde : « *Conservé dans la glace depuis des siècles, peut-être un homme médiéval, rescapé de l'ère glaciaire* ». Hansen donnait d'ailleurs une version des faits différente de celle rapportée par Terry Cullen. Le bloc de glace aurait été pêché par des baleiniers japonais, qui avaient vendu le spécimen, régulièrement, à Hong-Kong où lui-même l'aurait acquis. Il se serait rendu dans cette ville à la demande d'un mystérieux magnat de l'industrie cinématographique californienne, personnage qui aurait été le véritable propriétaire du spécimen. Hansen se retranchera toujours derrière ce mystérieux milliardaire, dont on ne sut jamais s'il existait vraiment. Toujours est-il qu'il fallait identifier le cadavre énigmatique dont, en tout cas, la nature biologique était certaine, non seulement en raison de ses caractéristiques, mais aussi parce qu'une odeur de putréfaction s'échappait d'un coin de son cercueil, ce qui, visiblement, embarrassa et inquiéta Hansen, lorsque Bernard le lui fit remarquer.

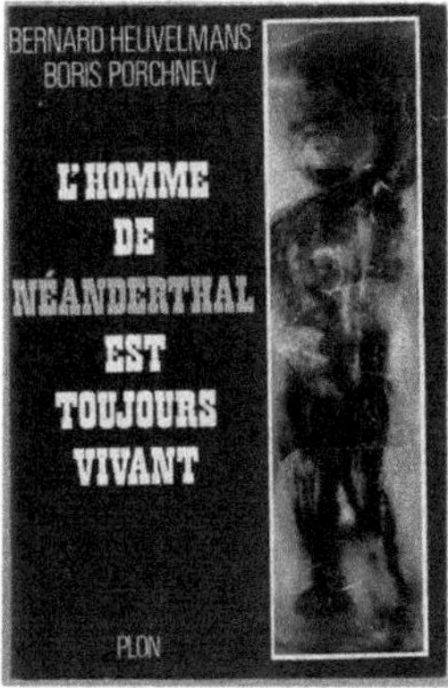

Bernard Heuvelmans & Boris Porchnev, L'Homme de Néanderthal est toujours vivant
The Neanderthal Man is Still Alive (french edition)

Procédant par élimination, dans le chapitre XV de son ouvrage *L'Homme de Néanderthal est toujours vivant*, Bernard détaille *Ce que ce n'était pas*. Le sous-titre dit : « Ni fossile bien conservé, ni Aïnou [30] à la dérive, ni monstre velu, ni hybride de singe et de femme, ni simple contrefaçon ».
Avant d'aller plus loin, j'aimerais dire comment, pour ma part, j'entendis parler de cette affaire. Un journaliste scientifique du *Monde*, Jean-Louis Lavallard, me l'avait rapportée en termes vagues, et je lui avais dit que cela me faisait penser au roman de Barjavel, *La nuit des temps*. Lorsque, un peu plus tard, je reçus une lettre de Bernard, je fis aussitôt le rapprochement.

Dans cette lettre, datée du 4 juin 1969, il m'écrivait :

Je ne sais si vous avez appris par la presse la découverte fantastique que j'ai faite aux Etats-Unis : celle d'un homme-singe authentique que j'ai examiné, étudié pendant onze heures et photographié, et sur lequel j'ai publié une note scientifique dont je vous fais adresser un tiré-à-part.

(30) Les Aïnous sont une population humaine de l'île japonaise d'Hokkaïdo. Les Aïnous ont la réputation (surfaite) d'être très velus.

Plus loin à propos des hypothèses possibles, il me disait : « *Je penche pour le Néanderthalien.* » Il faut savoir que, dans les années précédant cet événement, le problème des primates inconnus de la Science est devenu de plus en plus complexe, mais aussi de plus en plus fascinant. Les travaux des chercheurs soviétiques ont montré que le Caucase, le Pamir, l'Asie Centrale et la Sibérie abritent un être velu bien différent du Yéti (ou plutôt des Yétis, le petit et le grand). Cet être, appelé suivant les régions *almasty, almass, kaptar, ksy-gyik*, etc., semble bien être un Néanderthalien relique. Le chef de file des chercheurs soviétiques est un historien, le professeur Boris Porchnev, qui est devenu un ami de Bernard, auquel il a rendu visite à Paris à plusieurs reprises. L'aspect de l'homme congelé coïncide d'une manière troublante avec celui de l'homme sauvage asiatique, répandu, d'ailleurs, jusque dans la péninsule indochinoise, si l'on en croit les nombreux témoignages et rapports qui le concernent. Aussi un déclic va-t-il se produire dans l'esprit de Bernard, lorsqu'il tombe sur un article paru dans le *World Journal Tribune* du 1er novembre 1966, selon lequel des marines auraient abattu, au Sud-Vietnam, un énorme singe (« *a huge ape* »). Et lorsqu'il apprend, par la radio, que de l'héroïne est introduite aux Etats-Unis dans — détail horrible — les corps de soldats tués au Vietnam, notamment les corps si déchiquetés qu'ils sont placés dans des cercueils portant la mention « *Not to be opened* » (à ne pas ouvrir), un second déclic se produit. Or, Hansen avait été militaire au Vietnam. Bernard reconstitue alors ce qui a pu se passer : les camarades de Hansen ou lui-même tuent l'homme velu. Il se dit qu'il pourrait en tirer profit en l'exhibant dans les foires, lorsqu'il sera démobilisé. Et il le fait envoyer aux Etats-unis dans un cercueil marqué « *Not to be opened* ». Le forain devait craindre d'être poursuivi pour cette importation frauduleuse car il finit par raconter, dans un récit qui sonne faux, qu'il l'avait lui-même tué aux Etats-Unis — ce qui, aux yeux de la loi américaine, était moins grave ! L'histoire de l'homme congelé occupe 150 pages du livre de Bernard, un étonnant roman noir, aux multiples coups de théâtre, qu'il est impossible de résumer, et où, autour du mystérieux spécimen qui, un jour, disparut sans qu'on sache où, ni comment, planent les ombres du F.B.I. et de la mafia.

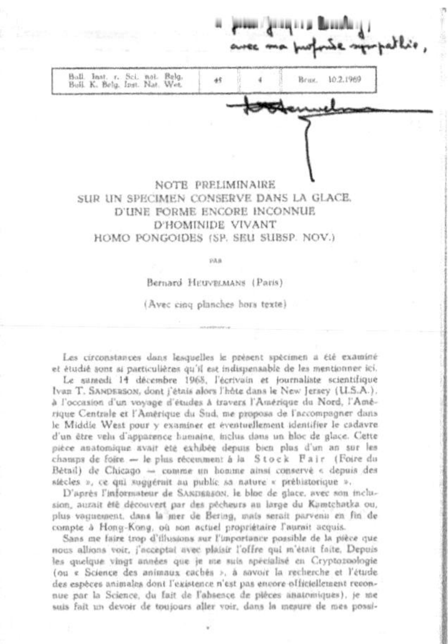

Bull. Inst. r. Sci. nat. Belg. Bull. K. Belg. Inst. Nat. Wet.	45	4	Brux. 10.2.1969

NOTE PRELIMINAIRE
SUR UN SPECIMEN CONSERVE DANS LA GLACE,
D'UNE FORME ENCORE INCONNUE
D'HOMINIDE VIVANT
HOMO PONGOIDES (SP. SEU SUBSP. NOV.)

par

Bernard HEUVELMANS (Paris)

(Avec cinq planches hors texte)

Les circonstances dans lesquelles le présent spécimen a été examiné et étudié sont si particulières qu'il est indispensable de les mentionner ici.

Le samedi 14 décembre 1968, l'écrivain et journaliste scientifique Ivan T. SANDERSON, dont j'étais alors l'hôte dans le New Jersey (U.S.A.), à l'occasion d'un voyage d'études à travers l'Amérique du Nord, l'Amérique Centrale et l'Amérique du Sud, me proposa de l'accompagner dans le Middle West pour y examiner et éventuellement identifier le cadavre d'un être velu d'apparence humaine, inclus dans un bloc de glace. Cette pièce anatomique avait été exhibée depuis bien plus d'un an sur les champs de foire — le plus récemment à la Stock Fair (Foire du Bétail) de Chicago — comme un homme ainsi conservé « depuis des siècles », ce qui suggérait au public sa nature « préhistorique ».

D'après l'informateur de SANDERSON, le bloc de glace, avec son inclusion, aurait été découvert par des pêcheurs au large du Kamtchatka ou, plus vaguement, dans la mer de Bering, mais serait parvenu en fin de compte à Hong-Kong, où son actuel propriétaire l'aurait acquis.

Sans me faire trop d'illusions sur l'importance possible de la pièce que nous allions voir, j'acceptai avec plaisir l'offre qui m'était faite. Depuis les quelque vingt années que je me suis spécialisé en Cryptozoologie (ou « Science des animaux cachés », à savoir la recherche et l'étude des espèces animales dont l'existence n'est pas encore officiellement reconnue par la Science, du fait de l'absence de pièces anatomiques), je me suis fait un devoir de toujours aller voir, dans la mesure de mes possi-

Note sur l'homme pongoïde parue dans le Bulletin de l'Institut Royal des Sciences Naturelles de Belgique *(1ère page)*
The communication about the Homo pongoides published in the Bulletin de l'Institut Royal des Sciences Naturelles de Belgique *(in french, 1st page)*

Bernard réussit l'exploit de faire publier très rapidement une note scientifique comportant la description officielle de l'homme velu. Cette communication est intitulée : *Note préliminaire sur un spécimen conservé dans la glace d'une forme encore inconnue d'Hominidé vivant : Homo pongoides (sp. seu subsp. nov* [31]). Parue dans le *Bulletin de l'Institut Royal des Sciences Naturelles de Belgique* (45, n° 4, 10 février 1969), elle ne le fut aussi vite que grâce à l'appui du professeur André Capart, directeur de l'Institut. La note scientifique comportait des photos du spécimen et un premier décryptage de celles-ci.

Si Bernard lui a donné le nom d'*Homo pongoides* (Homme pongoïde), c'est en raison de son aspect un peu simiesque, bien qu'il s'agît sans conteste d'un homme. *Pongo* est, en effet, le nom scientifique de l'orang-outan, et la famille groupant les grands singes anthropoïdes étant celle des *pongidés*.

Dès qu'elle reçut les premiers dessins de l'Homme pongoïde, Alika en fit une première reconstitution qui enthousiasma Bernard, puis, après le retour de Bernard en Europe, ils décryptèrent ensemble les photos pour obtenir enfin une reconstitution de cet être à l'état vivant, qui en deviendra en quelque sorte le portrait officiel [32]. De nombreux tableaux signés Alika Lindbergh et représentant l'Homme pongoïde dans son milieu, ou auprès de Bernard, sont actuellement au Musée de Zoologie de Lausanne, dans le département Bernard Heuvelmans.

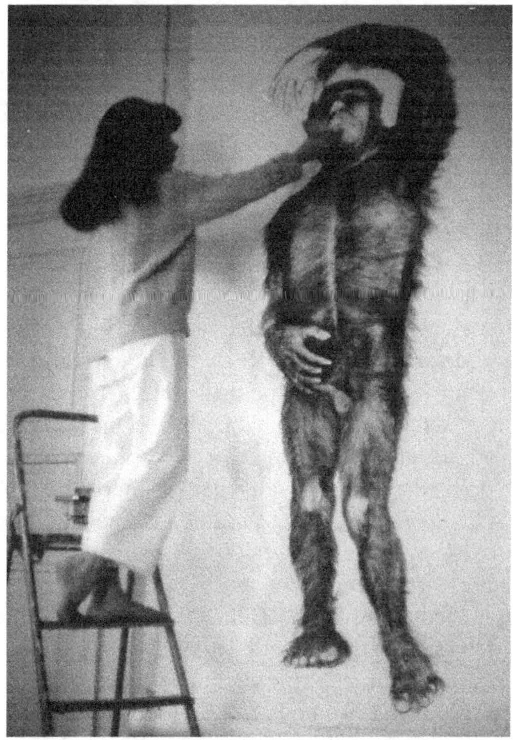

Alika Lindbergh dessinant l'homme pongoïde, Château de Sand, 1970 (photo BH)
Alika Lindbergh drawing the Homo pongoides, Sand Castle, 1970

(31) C'est-à-dire « Espèce ou sous-espèce nouvelle ».
(32) Pour ma part, je conserve précieusement l'exemplaire de son article que Bernard m'avait ainsi dédicacé : « A Jean-Jacques Barloy, avec ma profonde sympathie ». Je parvins à faire entrer le mot « Pongoïde » dans le *Dictionnaire encyclopédique Quillet* (avec le premier décryptage). Aussi Bernard me dédicacera-t-il *L'Homme de Néanderthal est toujours vivant* en ces termes : « A Jean-Jacques Barloy qui a fait entrer l'Homo pongoides dans l'Encyclopédie ».

En quittant le Minnesota, et laissant à regret derrière lui la roulotte de Hansen et son inestimable trésor zoologique, Bernard repart vers le New Jersey avec Ivan, non sans réussir à photographier, en s'enfonçant dans la neige jusqu'aux genoux, un rat musqué, d'une approche pourtant très difficile dans son milieu naturel. Le retour comporte aussi un intermède cryptozoologique qui se révèle sans intérêt : un « yéti » aurait été signalé dans les marais de Fremont, une cage est déjà préparée par des chasseurs locaux pour y accueillir « le monstre » — mais les traces sont manifestement truquées.

La découverte de l'homme congelé demeure bien entendu la préoccupation première de Bernard. Le 1er janvier 1969, à 0 h 30 du matin, il écrit à Alika que c'est là « *peut-être la plus grande découverte anthropologique de tous les temps, qui va bouleverser complètement la Science, mais aussi, sans doute, la Philosophie et la Religion.* » Il demande à Alika d'en parler à des biologistes de leurs amis, comme Rémy Chauvin. Celui-ci s'intéressera beaucoup à l'affaire, comme, d'ailleurs, Jean Dorst, convaincu lui aussi de l'authenticité du spécimen. Tous deux, d'ailleurs, admireront toujours le courage de Bernard, sachant fort bien à quelles réactions il va souvent se heurter.

Pendant ce temps, Bernard se rend à Gloucester, dans le Massachusetts, pour rencontrer l'un des plus grands anthropologistes américains, le professeur Carleton S. Coon, de l'Université de Harvard. Après avoir félicité Bernard pour ses positions originales en anthropologie, il examine longuement les photos du spécimen, qu'il lui projette. Son verdict est clair : l'homme congelé est authentique, inconnu, et se range parmi les hominidés. Carleton Coon suggère alors à Bernard de contacter de sa part la revue *Current Anthropology*, mais sans lui laisser trop d'illusions : « *Tous ces 'editors' de revues d'anthropologie*, lui confie-t-il, *sont des fils de clergymen et ils n'oseraient jamais parler d'une telle découverte* ». Rémy Chauvin, lui, avait dit à Alika : « *...même si le spécimen était dans l'immeuble à côté, ils ne se déplaceraient pas pour le voir, par peur d'être obligés d'admettre quelque chose de trop dérangeant !* » Et Chauvin sait de quoi il parle...

Bernard profite de son bref séjour à Gloucester pour aller voir la baie du même nom, où ont eu lieu, en 1817 et 1818, de nombreuses observations de Serpent-de-mer. Le 5 janvier, il examine une dépouille échouée à Biddeford, dans le Maine, mais ce n'est qu'un requin pèlerin.

De retour dans le New Hampshire, il y fait une rencontre pittoresque : celle de Charles Hapgood, spécialiste des cartes de Piri Reis [33], qui se croit la réincarnation de Benjamin Franklin. Du moins Bernard peut-il examiner chez lui de curieuses statuettes mexicaines représentant des animaux préhistoriques et des êtres humains [34]. La question de leur origine et de leur date demeure discutée.

Toujours, et même de plus en plus, assailli par les journalistes, Bernard déclare à l'un d'eux, à propos de la découverte de l'homme congelé qu'elle est « *une découverte à côté de laquelle la petite excursion de vos astronautes autour de la Lune fera figure d'anecdote sans grand intérêt* [35]. »

Visiblement, il commence à être agacé. Hélas ! Ce n'est qu'un début ! Séjournant alors chez Jack Ullrich, instants de joie et d'espoirs vont alterner avec des moments de découragement et d'amertume. De plus, cette période est encore assombrie par la maladie subite de sa fille Anita — une leucémie foudroyante — qui l'emportera en quelques semaines. Bernard, si loin d'elle et impuissant, sera comme amputé d'une partie de lui-même, à sa mort.

---

(33) Amiral turc du XVIe siècle, auteur de cartes semblant montrer des parties du monde complètement inconnues à l'époque.
(34) Dites statuettes d'Acambaro, collection recueillie par M. Julsrud.
(35) Le 21 décembre précédent, une fusée Apollo, avec trois hommes à son bord, a été lancée vers la Lune et a tourné autour d'elle.

Lorsqu'il reçoit la première reconstitution de l'Homme pongoïde à l'état vivant, peint par Alika, c'est pourtant un grand moment d'émotion pour lui : sa découverte a pris vie... Mais, pour l'imposer au monde, il doit se débattre au milieu de multiples retards, de trahisons, de maladresses et de lâchetés. Il a souvent la rage au cœur devant l'indifférence qu'on lui oppose, et la stupidité de certaines réactions (arrogantes, bien sûr, comme le sont souvent les attitudes dictées par la bêtise !). Ainsi, dans une salle de rédaction de *Life*, une rédactrice en chef — une « *career woman* », « *l'une de ces femmes* », dira-t-il, dans son livre (p. 137) « *dont l'élégance sophistiquée ne parvient guère en général à dissimuler la disgrâce physique* » — jettera un simple coup d'œil dédaigneux aux photos de l'homme pongoïde en lançant : « *Oh ! Ce genre de camelote-là !* » Il n'empêche : une lettre parvient jusqu'à lui, portant pour toute adresse : « Docteur Bernard Heuvelmans — Belgique » (ce qui évoque le fameux « Victor Hugo, Océan ») et qui l'amuse beaucoup. « *Et il faudrait que je devienne <u>encore plus célèbre</u> ?* », plaisante-t-il, se moquant de lui-même...

Il est intrigué par le fait que sa découverte se soit produite l'année du singe de l'Astrologie chinoise, de même qu'il avait achevé son *Serpent-de-mer* au cours de l'année du Serpent.

On trouve dans ses lettres à Alika bien d'autres considérations, dont beaucoup méritent réflexion. Par exemple, il se demande s'il existe des faits établis de manière absolument irréfutable, ce qui serait un bon sujet de méditation pour les scientifiques et les historiens ! Quand on pense que certains lui reprocheront d'avoir été parfois trop crédule ! Pour ceux qui ont bien connu Bernard, ils savent que jamais il ne se débarrassait de son scepticisme... ni d'ailleurs d'un pessimisme qui faisait partie de sa personnalité :

« *L'Homme* », écrit-il, « *deviendra de plus en plus névrosé, fou, drogué, désexualisé ou asexualisé, pour, finalement, périr par le cerveau dans un univers de plastique et de ciment.* » Pessimiste ?... Ou lucide ? Il est vrai qu'à l'époque, il vit en Amérique et observe ce qu'impliquera tôt ou tard l'*American Way of Life* : il n'y a pas de quoi pavoiser !

Il note que les Américains ont la folie du « frigo ». Ce qui expliquerait peut-être certains détails de l'affaire de l'Homme pongoïde. Peut-être, pense-t-il, celui-ci a-t-il été trouvé mort, ou tué, et récupéré le lendemain. S'il était tombé dans la neige ou dans une mare, il aurait pu être congelé en deux temps, naturellement, puis artificiellement. Et, dans ce second temps, sans doute par des professionnels, tels que des pêcheurs, des bouchers, ou des responsables d'abattoirs... Car si l'on peut tirer des conclusions fermes à propos du cadavre lui-même, la manière dont il est parvenu jusqu'à son cercueil réfrigéré n'est pas — et ne sera probablement jamais — éclaircie.Une amie voyante d'Alika, Jacqueline Mallay, suggère, elle, que l'homme velu a d'abord été détenu en captivité puis sauvagement frappé et abattu (ce qui expliquerait la terrible fracture du bras, et l'œil arraché). Cette idée, plausible d'ailleurs, bouleverse Bernard que la vue du cadavre avait rempli de compassion. Qu'ont donc fait subir au pauvre être les féroces *Homo sapiens*, « la race des massacreurs » ? Avant de partir enfin vers le Sud, Bernard correspond activement avec Jean Dorst, André Capart, Boris Porchnev, Richard Garnett (son traducteur anglais) pour leur parler de sa découverte... Quelqu'un lui envoie la photo d'une statuette olmèque qui évoque étrangement l'Homme pongoïde. Par la suite, il retrouvera la représentation de son homme velu dans des objets d'art du monde entier, aidé par Alika et par d'autres amis et correspondants.

Lorsque Bernard part pour le Mexique avec Jack Ullrich, la presse américaine commence à se déchaîner à propos de l'Homme pongoïde et, comme toujours lorsqu'un fait important tombe entre les mains de gens incompétents et ignorants, si les articles qui paraissent sont parfois intéressants, beaucoup sont ce que le journalisme moderne peut produire de pire... Bernard, alors, tourne le dos à tant d'agitation stérile et prend ses distances.

Mais la découverte de l'*Homo pongoides* reste, et restera pour toujours, le point d'orgue de sa carrière. Elle eut un retentissement mondial et n'a cessé de provoquer enthousiasme et polémiques. Elle peut être considérée comme l'une des grandes « affaires » scientifiques du XXe siècle, sinon la plus grande.

En revanche, l'existence d'un deuxième « Homo » sur la Terre, velu comme un singe et pourtant aussi humain que nous, ne pouvait que choquer un certain nombre de gens, pour des raisons philosophiques ou religieuses. Aussi vit-on des biologistes et des zoologistes qui avaient publiquement pris le parti de Bernard lors de la parution de *Sur la piste des bêtes ignorées* et du *Grand Serpent-de-mer* se montrer soudain réticents et prendre frileusement leurs distances vis-à-vis de cette cryptozoologie qui menaçait les dogmes établis... Car, bien sûr, on peut être homme de science et manquer de courage. Mais... peut-on être un véritable homme de science, et laisser des croyances religieuses étouffer la vérité ?

La traversée des Etats-Unis se révèle plutôt fastidieuse, avec, tout au long de la route, le spectacle affligeant des centaines de cadavres d'opossums, écrasés par des voitures. Heureusement, l'étape à la Nouvelle-Orléans a tout pour enchanter Bernard. D'abord, c'est un haut-lieu du jazz [36] ; ensuite, l'influence française qui s'y fait sentir, en particulier dans l'architecture et les jardins à l'ancienne, les balcons en fer forgé et les fontaines, le ramène à une atmosphère vieille Europe, vieille civilisation, raffinée, dont il a bien besoin, après tant de semaines passées dans des villes américaines et une conception de l'esthétique très éloignée de ce qu'il aime. Et lorsqu'il peut y prendre un bain de soleil tandis qu'un cardinal chante dans un arbre voisin, il est aux anges.

La frontière mexicaine franchie, c'est l'émerveillement. L'atmosphère des rues et des marchés, les vêtements, les couleurs, et même les très belles vieilles églises, tout lui plaît. « *Je voudrais adopter tous les petits Mexicains* », écrit-il. « *Les filles ont l'air de sortir d'un rêve.* » Le Musée anthropologique de Mexico se révèle d'une richesse fabuleuse, et il y passe de longues heures. Ayant l'habitude de terminer ses lettres d'Amérique à Alika par des « bisons », il précise alors des « *bisons du Mexique* », ajoutant : « *Oui, il y en avait autrefois, mais ils ont été exterminés. Je les ressuscite à ton intention.* » Apprenant qu'un « monstre marin » s'est échoué à Tecolutla, il envisage d'aller le voir bien que, pense-t-il, il s'agisse d'un cachalot. C'est en fait un zoologiste mexicain, le Dr Villa Ramirez, qui ira l'examiner, et l'identifiera comme un rorqual boréal. A noter que je reçus beaucoup plus tard, en 1986, d'un lecteur, P. Audonnet, des photos de cet animal qui lui avait semblé plutôt être une baleine-à-bec du genre *Berardius*...

---

(36) Même si Bernard, dans *De la Bamboula au Be-Bop*, relativise avec raison son rôle en la matière...

(37) Le 6 avril, il écrit à Alika : « *Maintenant que je suis dans l'Encyclopédie Quillet...* » Il se déclare prêt à lancer dans les discussions : « *Oui, mais, dites un peu, là, est-ce que vous êtes dans une encyclopédie, vous ? Non. Eh bien alors, fermez-la, shut up, comme on dit chez les sauvages. Ah ! mais...* »Toute sa vie, Bernard sera fier de cette mention, et je m'en sens très heureux : en effet, comme je l'avais déjà indiqué, je l'avais introduit dans le *Dictionnaire Encyclopédique Quillet* (1968-1970) avec la cryptozoologie, le Serpent-de-mer, l'homme pongoïde, etc. Il se réjouira encore dans une lettre datée du 16 avril de cette « immortalité », et s'y dira heureux pour Rafinesque (que j'avais également introduit dans ce *Dictionnaire*).

Bernard Heuvelmans et le professeur Bernardo Villa, Université de Mexico, 1968 (photo BH)
Bernard Heuvelmans and professor Bernardo Villa, University of Mexico, 1968

Lorsqu'on signale à Bernard qu'un « homme sauvage » vient d'être capturé en Colombie, il est disposé à s'envoler pour Bogota, quand il apprend que l'être en question est seulement un idiot qu'on avait abandonné dans la forêt. Ce qui ne l'empêche pas d'espérer : « *Et que vais-je trouver au Guatemala ? Un dinosaure vivant ? Un glyptodonte ou un mégathère attardé ?* » Bien sûr, il plaisante... et, d'ailleurs, il signe sa lettre « *Tonton Cristobal de l'Encyclopédie Quillet et de Pan réunis* [37] [38]. » Son arrivée au Guatemala est, en tout cas, fort agréable. Il est hébergé par Bob Dorion, un riche propriétaire terrien, qui possède de grandes plantations d'ananas, et se retrouve logé au milieu d'un jardin paradisiaque, où les jolies filles de la famille de Dorion viennent lui rendre visite. Dans le jardin, des reptiles qui courent sur leurs pattes postérieures « comme de petits iguanodons » le fascinent, car ils ne progressent pas seulement ainsi sur le sol, à toute vitesse, mais aussi à la surface de l'eau lorsqu'ils traversent les cours d'eau. Ce sont des basilics — grands lézards capables, grâce à leur longue queue utilisée comme balancier, de courir en position bipède. Au Guatemala, le basilic est appelé *Jesus*, parce qu'il marche sur l'eau, comme on dit que fit le Christ.

Bernard Heuvelmans en compagnie de femmes Maya, 1968 (photo BH)
Bernard Heuvelmans with Maya women, 1968

(38) Allusions à la chanson de Pierre Perret, *Tonton Cristobal*, et à *Pan*, le journal satirique belge auquel il collabora.

Bernard est frappé par la petite taille des femmes guatémaltèques (qui mesurent 1,30 mètre en moyenne) mais aussi très séduit : il a toujours eu un faible particulier pour les femmes petites et brunes ! Il découvre surtout, ici, des sites extraordinaires qui correspondent à l'idée qu'il se fait d'un paradis végétal, peuplé d'animaux. Ainsi, il admire et photographie longuement une lagune peuplée d'aigrettes qui se reflètent dans une eau verte, et où des figuiers étrangleurs enlacent d'autres arbres de leurs racines aériennes, au point de les tuer.

Dans la vallée d'El Salto, il s'enfonce dans une forêt secondaire où l'exubérance végétale et le grouillement animal sont fabuleux : insectes, escargots, mille-pattes, sont partout où se pose le regard, parmi les moisissures et autres champignons.

Lorsque Bernard entreprend l'ascension du volcan Pacaya, celui-ci est en activité. C'est une longue montée dans le brouillard et le froid, les pieds dans la poussière. Des quartiers de roc s'écrasent alentour, dans le fracas des explosions. Plus pacifique est la vision des broméliacées, plantes spectaculaires qui vivent sur les arbres, et dont les feuilles forment des godets où l'eau de pluie s'accumule.

Le cœur de ces plantes, petit réservoir d'eau pure, héberge une salamandre noire. Il existe en tout cas sur les lieux une douzaine d'espèces différentes de telles salamandres : un remarquable phénomène de spéciation (c'est-à-dire d'apparition de nouvelles espèces) s'offre aux yeux émerveillés de Bernard.

Le moment le plus intense de ce séjour au Guatemala, c'est une nuit qu'il choisit de passer à la belle étoile, dans la forêt des pluies. Décidément, cette forêt, d'où émane une profonde impression de sérénité et de quiétude, n'a rien d'un « Enfer vert » même si — et peut-être parce que — elle grouille de vies cachées. Armé d'une lampe frontale et d'une torche électrique, Bernard observe des myriapodes, des phalènes, quelques chauves-souris et écoute les bruits légers d'une foule de présences invisibles. Il dort — sans la moindre inquiétude — sous un arbre couvert de lianes, et, à l'aube, lorsqu'il ouvre les yeux, un grand rapace — probablement un vautour — se pose sur l'une des lianes, juste au-dessus de lui, et l'observe avec curiosité.

Cette nuit dans la forêt vierge lui laissera un souvenir épanouissant, inoubliable, de rencontre avec l'Essentiel...

Une expédition au lac Atitlan lui fait découvrir un autre site fabuleux, mais la brume l'empêchera d'observer les célèbres grèbes du lac [39]. En revanche, il examine et photographie la dépouille d'un serpent marin (*Pelamys platurus*) trouvé sur le littoral.

Les merveilleux vêtements tissés et brodés que portent les Guatémaltèques le ravissent et il achète ou commande des étoles, des chemises et des vestes, notamment une veste superbe qu'il portera longtemps dans les soirées parisiennes. Tandis que des nouvelles continuent de lui parvenir sur les péripéties de l'affaire de l'Homme pongoïde, il part pour le Belize, qui, à l'époque, est encore le Honduras britannique. Au Guatemala, les cartes n'indiquent aucune frontière avec ce territoire, les Guatémaltèques le considérant comme une de leurs provinces. En tout cas, Bernard profite de son incursion au Belize pour plonger parmi les magnifiques récifs coralliens du littoral.

---

(39) Il s'agit d'une espèce de grèbe localisée à ce lac, et probablement disparue (1986).

Il ne réalisera pas cette fois son projet de pousser jusqu'en Amérique du Sud, et notamment au Brésil, mais il le fera quelques années plus tard : en avril 1973, il se rendra à Rio de Janeiro pour assister à un Festival de la Mode. Ce bref séjour sera l'occasion pour lui de contempler la baie où eut lieu, en 1958, une mémorable apparition d'un Serpent-de-mer.

C'est le retour à Bruxelles, après des escales à Mexico et à… Montréal. Bernard rentre en France — mais il n'est pas seul...
Une autre aventure zoologique commence, qu'il partagera cette fois avec Alika et son mari, Scott Lindbergh, dix-sept ans durant.

VIII. Un Ermitage en Périgord

En 1968, Alika s'est remariée avec Scott Lindbergh, fils cadet de Charles A. Lindbergh, le vainqueur de l'Atlantique. Scott est donc le frère du petit Charles, dont le kidnapping et l'assassinat bouleversèrent le monde entier en 1932.

Alika et Scott Lindbergh, Château de Sand, décembre 1969 (photo BH)
Alika and Scott Lindbergh, Sand Castle, December 1969

Ce que l'on sait moins, c'est que dans les trente dernières années de sa vie, Charles Lindbergh fut un ardent défenseur de la nature, l'un des membres fondateurs de l'U.I.C.N. et du W.W.F... Encouragé par Alika, Scott fait des études d'éthologie à l'Université de Strasbourg et décide de se spécialiser dans l'étude du comportement des primates, en particulier des singes sud-américains, dont, hanté par le souvenir de Bélinda et de Boulimie, Alika lui a beaucoup parlé.
Ils se lancent ensemble dans une audacieuse opération d'élevage de ces singes en semi-liberté, avec un double but : étudier leur comportement pour pouvoir mieux les protéger dans la nature, et les réintroduire un jour dans leur milieu naturel. D'abord, ils louent le « château de Sand » (en fait, une grande maison bourgeoise) en Alsace, et s'y installent avec leurs deux premiers pensionnaires, deux lagotriches, Lucifer et Balkis, arrivée bébé en Europe, et sauvée par Scott des cages d'un marchand d'animaux. Tout se passe bien, quand, en avril 1969, arrive une lettre de Bernard qui se trouve alors au Guatemala. Il y raconte que dans un zoo de Guatemala City, il a été bouleversé par « *un petit être charmant, adorable pour tout dire.* » Et, ajoute-t-il, « *si vous ne le prenez pas dans votre merveilleux home pour singes* [il] *va mourir bientôt dans sa soupente obscure.* » Le problème, c'est que ce singe, eh bien, « *c'était... c'était un singe... un singe...* » Et là, il fallait tourner la page pour décou-

vrir, écrit en lettres de taille croissante, le mot : Hurleur ! Le dessin ainsi tracé évoque un mégaphone... Car les cris des singes hurleurs, amplifiés par le développement de l'os hyoïde, situé à la partie antérieure du cou, et qui agit comme une caisse de résonance, portent jusqu'à six kilomètres ! Mais Bernard sait bien à qui il a affaire, et, bien entendu, sans l'ombre d'une hésitation, Scott envoie à Bernard un télégramme ainsi conçu : « *Okay hurleur. Amitiés. Scott* ». Quand il le recevra, il éclatera de rire, car le télégramme dit : « *Tokay Hurleir. Amitiés. Scott* ». Et de plaisanter dans une lettre à propos de ce Tokay de la marque « Hurleir » qu'on lui demande de rapporter de son voyage... Peu après, il écrit pour dire qu'il ne semble plus être question de lui donner le hurleur : le problème semble donc résolu — à regret. Quelques semaines plus tard, par un froid très vif, Alika attend l'avion qui ramène Bernard du Guatemala à Bruxelles. Elle a tenu à y venir car elle a l'intuition que peut-être, malgré tout... De loin, elle voit, sur l'aire d'atterrissage, Bernard, tout bronzé, sortir de l'avion avec, à la main, un curieux panier mexicain hermétiquement clos. A l'air faussement désinvolte de Bernard lorsqu'il arrive à la douane, elle frémit : quelque chose cloche. Bernard n'aurait-il pas les papiers nécessaires pour faire entrer ce... panier en Belgique ? Comme si cela ne suffisait pas, chaque fois que Bernard pose le panier sur le sol, il s'en échappe un grondement sourd (qui, heureusement, se perd dans le vacarme de l'aéroport) et qui n'émeut pas les douaniers qui laissent passer Bernard sans l'interroger sur le contenu de son pittoresque bagage à main. Après être tombé dans les bras d'Alika, Bernard lui explique que le certificat vétérinaire du zoo de Guatemala City ne lui était pas parvenu à temps, mais qu'il a pris le risque de ramener le petit singe. C'est ainsi qu'Ursula, singe hurleur de l'espèce « à manteau » rejoignit les deux laineux du « merveilleux home pour singes » de Sand. Elle sera la première d'une grande famille de hurleurs dont Bernard se sentira, bien sûr, le parrain.

Bernard Heuvelmans avec un Saki moine, Château de Sand, Alsace, 1970 (photo BH)
Bernard Heuvelmans with a red-bearded saki or monk saki (Pithecia monachus) Sand Castle, Alsace, 1970

Le climat alsacien n'étant guère favorable à leur entreprise, Alika et Scott vont s'installer dans le Sud-Ouest. Ils acquièrent le manoir de Verlhiac, une gentilhommière perdue au milieu des bois, tel le château de la Belle au bois dormant, dans le Périgord noir [40]. Les Eyzies, haut-lieu de la Préhistoire, ne sont pas loin : primatologie, préhistoire et cryptozoologie vont se trouver réunies à Verlhiac, où Bernard

(40) Ainsi nommé en raison de ses grandes et belles forêts, par opposition au Périgord « blanc » et au Périgord « vert ».

vient rejoindre les Lindbergh pour y fonder son *Centre de Cryptozoologie*, grâce à la bienveillante amitié de Scott. A Verlhiac, les singes sud-américains sont logés non seulement dans de confortables et vastes bâtiments chauffés mais ils disposent de cages-jardins au sol de gazon, ornées de branches et de cordes de chanvre. Mais, surtout, ils ont librement accès aux bois du domaine. Durant une vingtaine d'années, Scott et Alika les étudient, accumulant des observations éthologiques d'autant plus précieuses que jusque-là, les hurleurs étaient mal connus (leur taux de mortalité en captivité étant de 100% dans la première année après leur capture). Non seulement les Lindbergh les gardent vivants, et en excellente forme, mais ils obtiennent les premières reproductions de hurleurs en captivité. Bien entendu le but ultime de l'entreprise — et qui sera atteint — est leur réintroduction dans leur milieu naturel, en Amérique du Sud.

Père fondateur de la Cryptozoologie, Bernard restait, bien entendu, un zoologiste, et en particulier, un mammologiste (c'est-à-dire un spécialiste des mammifères). Il était donc souvent consulté par les Lindbergh, ce qui était pour lui une grande source de joies : il avait toujours eu de l'amour pour les singes, en qui il voyait une image du paradis perdu, et bien qu'il eût un faible particulier pour les gorilles [41], il ne pouvait que se passionner pour les singes sud-américains, qu'il adorait observer, et approcher (tous les jours puisqu'ils étaient là, dans les arbres qu'il pouvait apercevoir de sa table de travail, hurlant ensemble à l'aube, ou au soleil couchant...).

Bernard Heuvelmans avec 3 singes hurleurs roux Alouatta seniculus, Primate Center, Verlhiac, Dordogne, 1971(photo BH)
Bernard Heuvelmans with 3 red howler monkeys Alouatta seniculus, Primate Center, Verlhiac, Dordogne, 1971

En effet, le Centre de Cryptozoologie n'était qu'à une centaine de mètres du manoir de Verlhiac : Bernard s'était installé dans l'ancienne maison des gardiens, qu'il avait fait aménager et agrandir. Il avait été émerveillé en découvrant son grenier, avec les vieilles poutres et avait choisi d'en faire son cadre de travail. Derrière les murs envahis de passiflores, il y travaille dans une ambiance hors du temps, qui fait penser aux antres des savants de la Renaissance, tels qu'ils sont représentés parfois dans les gravures anciennes. A gauche de la vaste table sur laquelle il écrit, un grand atlas est

(41) « *J'aime tous les animaux, mais mon favori, c'est le gorille. Il représente le paradis perdu, la sagesse, la force tranquille, la bonté, l'innocence* », déclarera-t-il à *Sciences et Nature*.

ouvert sur un lutrin, sans doute à la page de la carte où il vient de situer un témoignage cryptozoologique. Derrière lui, sur six mètres de rayonnages, deux étages d'épais classeurs, sur le dos desquels des photos indiquent le sujet des documents qu'ils renferment. De nombreux objets naturels souvent étranges, des masques africains, des maquettes de dinosaures, des défenses d'éléphant nain, des poils ou de la fiente de paresseux géants, des excréments séchés de Yéti... tout cela est disposé avec goût et avec un grand souci d'harmonie. Ce n'est pas du tout un capharnaüm, tout est parfaitement ordonné. Impossible de ne pas évoquer les vers de Baudelaire que Bernard aimait :

...Là, tout n'est qu'ordre et beauté,
Luxe, calme et volupté.

Le Centre de Cryptozoologie est aussi la maison de Bernard et il n'est pas ouvert au public, au grand regret de certains... C'est un lieu d'études, qui finira par abriter une centaine de boîtes d'archives (soit 25 000 références), environ 2 500 livres, une cartothèque, quelques 25 000 photos, une énorme correspondance, etc.
Bernard y vit avec Georges, son chat de gouttière tigré, auquel il voue une affection passionnée. En fait, Georges s'appelle plutôt Georch Simignon — en référence à Georges Simenon et à l'amitié qui unissait le père de Maigret au « Sherlock Holmes de la Zoologie » (« Georch » vient de l'accent liégeois que Simenon garda toute sa vie !...) [42]

Bernard Heuvelmans et son chat Georch Simignon
Bernard Heuvelmans and his cat « Georch Simignon » (by reference to his friend the famous belgian
author Georges Simenon, father of the détective Maigret)

Mais ce domaine où la nature sauvage est soigneusement préservée offre au zoologiste mille occasions d'observer une faune autochtone qui se fait souvent familière : des effraies, des couleuvres, des hulottes, des blaireaux, des renards, des chevreuils et des cerfs, des fouines, des écureuils, des lérots, plusieurs espèces de chauves-souris, des rainettes, des salamandres, des engoulevents, des lézards, des sphinx tête-de-mort, des paons de nuit, des vanesses, des faucons pèlerins rarissimes, des crécerelles, des huppes... la liste serait longue de tout ce qui formait le paradis de Bernard. J'eus le plaisir de me rendre à Verlhiac à la fin de l'été 1977.

(42) Georges accompagnera Bernard au Vésinet, où il mourra quelques années avant son ami, et exactement du même mal que celui qui allait emporter Bernard.

Chez Scott et Alika, lorsqu'il vient y dîner, de gros crapauds se promènent tranquillement sur les somptueux parquets du XVIIIe. Il y a aussi « petit Podoum » rescapé d'un carnage et élevé à la pipette par Scott et Alika : un délicieux hérisson. Pour lui, Bernard, Scott et Alika capturent des vers de terre et des sauterelles, et patiemment, lui apprennent à chasser... Remis en liberté, il viendra un jour devant la porte, accompagné d'une compagne et de sept petits.

Bernard Heuvelmans avec un de ses paons, Verlhiac, Dordogne, 1983 (photo BH)
Bernard Heuvelmans with one of his peacocks (he had up to 17 of them), Verlhiac, Dordogne, 1983

Les onze — puis les dix-sept — paons des Lindbergh se perchent sur les toits et viennent manger dans la main de Bernard lorsqu'il déjeune dehors, annonçant tout visiteur par de grands cris. Alika et Scott ont aussi des chiens : deux chows-chows, un bâtard nommé Otto, un Lhassa apso, « une sorte de beagle », etc. Dans cette atmosphère hors du temps, peuplée d'animaux et troublée seulement par des bruits naturels : la pluie, le vent, les cris des rapaces et des paons, les hurlements des singes et le bruissement des végétaux, Bernard travaille loin du monde, dans un jardin sauvage où de grands paons-de-nuit volent parfois et où l'on a quelque chance de surprendre un engoulevent endormi parmi les feuilles mortes. Enfin, après le départ de Scott au Brésil (où il avait emmené ses singes hurleurs pour les réintroduire dans le Planalto), Bernard accepte de s'occuper des vaches : dix-sept « blondes d'Aquitaine ». Elles vont le captiver, et il en devient amoureux fou : il est vrai qu'elles répondent et accourent de loin dès qu'il les appelle, le suivent comme de petits chiens, et se laissent, bien sûr, caresser par lui. Il ne se lasse pas d'admirer leur intelligence et leur douceur. Ces animaux si souvent dédaignés (ne sont-ils pas seulement de la viande sur pied ?) vont devenir des amies fascinantes qu'il soigne avec amour.

Bernard Heuvelmans parmi son troupeau de Blondes d'Aquitaine, Verlhiac, Dordogne, 1984 (photo BH)
Bernard Heuvelmans among his herd of « Blonde d'Aquitaine » cows, Verlhiac, Dordogne, 1984

Une fois de plus, nous remarquons comment Bernard forgeait d'extraordinaires liens d'affection avec les animaux qui étaient tous, vraiment, ses frères. « *Il parlait aux mammifères, aux oiseaux, et aux poissons* » comme on le dit du roi Salomon. Quant à la cryptozoologie qui se mûrit à Verlhiac, elle a remporté de nombreuses victoires, et Bernard en établit la liste dans la préface des éditions successives de *Sur la piste des bêtes ignorées*.

Pour le domaine marin, Bernard cite le mollusque monoplacaphore *Neopilina galathea*, le crustacé *Hutchinsoniella*, la méduse *Stygiomedusa*, le crustacé primitif *Neoglyphea*, le fameux *Megamouth* (ou requin à grande gueule), la raie *Hexatrygon bickelli*, et enfin plusieurs cétacés. [43]

Sur la terre ferme, Bernard mentionne l'insecte orthoptère australien *Covloola propator* et l'araignée d'Amérique centrale *Micromygale diblemma*. Parmi les mammifères, le superbe semnopithèque doré, un cervidé des Andes, un mouflon de Chine, le chat d'Iriomote au Japon, le grand pécari du Paraguay, plusieurs singes et lémuriens (notamment l'hapalémur doré et le propithèque à couronne dorée, à Madagascar), un phacochère d'Afrique orientale, et enfin, le stupéfiant Saola du Vietnam, cette chèvre-antilope-bœuf, dont la découverte, au crépuscule du XX$^\text{e}$ siècle, rappelle celle de l'okapi à l'aube de ce même siècle. Du côté des oiseaux, Bernard cite de nombreuses espèces, grèbes, râles, vautours, pétrels, etc. et, bien sûr, la sittelle kabyle, découverte à deux pas de la Méditerranée. Parmi les reptiles, il mentionne, outre un varan du Yémen, le plus grand des geckos, *Hoplodactylus delcourti*, certainement néo-zélandais, mais découvert... au Muséum de Marseille .[44]

Après la publication par Bernard de sa dernière mise à jour, les découvertes ou redécouvertes ont continué à un rythme rapide, qui a même semblé s'accélérer. L'Asie du Sud-Est s'est montrée particulièrement féconde à cet égard. Au Vietnam, auprès du saola, ont été découverts plusieurs muntjacs (ou cerfs aboyeurs) inconnus, tandis que le statut de l'énigmatique *Pseudonovibos spiralis* du Cambodge demeure discuté. A Hanoi où, depuis le Moyen-Age, courait une histoire de monstres lacustres, ont été découvertes, en 2000, des tortues d'eau douce énormes. Leur espèce est toujours discutée, mais il s'agit manifestement de la plus grande tortue d'eau douce du Sud-Est asiatique. Non loin de là, en Thaïlande, une raie d'eau douce géante (*Himantura chaophraya*) n'a été décrite qu'en 1990. Pourtant, cette raie de 200 kilos ou plus pousse l'impertinence jusqu'à passer sous les ponts de Bangkok !

Dans le domaine marin cette fois, c'est dans cette même partie du monde qu'a été trouvée une deuxième espèce de cœlacanthe, sur les côtes de l'île de Célèbes (ou Sulawesi), cinquante ans après celle du cœlacanthe africain. En fait, l'existence d'un tel poisson, dans les mers du Sud-Est asiatique (et de l'Australie, peut-être ?) avait été prévue par les cryptozoologistes.

La reconnaissance officielle de l'existence d'un éléphant nain en Afrique fut également une éclatante victoire de Bernard, en dépit de toutes les contorsions des immobilistes pour s'y opposer. Des trouvailles d'un autre genre sont venues conforter sa démarche : celle de fossiles prouvant la survivance tardive de certains animaux réputés disparus plus anciennement, la dernière en date étant celle d'un ossement de félin à dents de sabre, du genre *Homotherium*, reposant sur les fonds de la mer du Nord, et datant seulement de 28 000 ans.

---

(43) En fait, ces espèces n'ayant généralement pas suscité de témoignages, ne relèvent pas vraiment de la cryptozoologie. Leur découverte est néanmoins remarquable.

(44) Bernard signale aussi, avec raison, le caractère prophétique de certaines de ses prises de position dans *Sur la piste des bêtes ignorées* : habitat forestier du mammouth : confirmé, hybridation lion x panthère : confirmé, comportement carnivore du chimpanzé : confirmé, existence de gorilles blancs : confirmé.

A la fin de cet inventaire — certes incomplet, mais écrasant pour les détracteurs de la cryptozoologie — il convient de citer la définition précise qu'en a donnée Bernard Heuvelmans : « *L'étude scientifique des animaux cachés, c'est-à-dire des formes animales encore inconnues, au sujet desquelles on possède seulement des preuves testimoniales et circonstancielles, ou des preuves matérielles jugées insuffisantes par certains.* » [45]

Même si Bernard a été très novateur en créant la cryptozoologie, il se situe dans une certaine tradition zoologique se fondant sur l'observation directe et, peut-on dire, « artisanale », car elle fait fi de tout appareillage sophistiqué (comme, d'ailleurs, l'éthologie — l'étude du comportement animal, dans ce qu'elle a donné de plus intéressant et valable !). C'est la tradition zoologique de J.H. Fabre, de Jean Rostand, de Robert Hainard, chercheurs indépendants, ou encore de Konrad Lorenz ou de Théodore Monod, chercheurs officiels, mais finalement très proches des précédents. La tradition d'Aristote, en quelque sorte.

La recherche bibliographique minutieuse n'a en effet jamais détourné Bernard des observations sur le terrain, ainsi que nous avons pu le remarquer tant à l'Ile du Levant que lors de ses voyages sous les Tropiques, sans oublier Verlhiac et Le Vésinet ; partout où il s'est trouvé, il restait un observateur en alerte. Ainsi, séjournant à Montlouis-sur-Loire, près de Tours, il a la surprise de découvrir une sorte de micromilieu, peuplé de mantes religieuses et de macroglosses (le macroglosse est ce singulier papillon « de nuit », qui se montre en plein jour, butinant les fleurs en volant sur place, à la manière des colibris).

Bernard n'eût jamais posé d'émetteur à un animal. Et inutile de dire qu'il condamnait totalement toute expérimentation sur l'animal vivant. Il m'écrivait ainsi le 5 décembre 1975 :

Bravo pour votre campagne pour le renard et les autres « puants », ces parents pauvres dans le domaine de la Protection de la nature. Vous pouvez compter sur moi pour lutter contre la vivisection, que je tiens pour une pratique déshonorante et inutile.
J'en suis arrivé à m'opposer même à la « récolte de spécimens » c'est-à-dire les massacres organisés pour la recherche scientifique. On peut fort bien, de nos jours, photographier et mesurer, et tenter d'<u>élever</u> en captivité. (Les nombreux décès qui accompagnent ces tentatives fourniront le matériel pour l'étude de l'anatomie interne, etc.)

Voici donc une prise de position exceptionnelle de la part d'un homme de science. Trop longtemps, la zoologie a entraîné de véritables massacres de spécimens pour remplir les musées. De telles pratiques n'ont d'ailleurs pas complètement cessé, mais elles se sont, au moins, atténuées. Evidemment très hostile à la chasse dite « sportive », Bernard faisait partie du Comité d'honneur du ROC (Rassemblement des Opposants à la Chasse).

Pour en revenir à son aversion vis-à-vis des techniques sophistiquées, il faut signaler qu'il n'était pas foncièrement technophobe. Certes, la « mode Internet », comme il disait, l'agaçait prodigieusement : « *Internet* », m'avait-il affirmé, « *c'est la fin de l'information en cryptozoologie.* » Pourtant, lui-même, pour élucider l'énigme du Serpent-de-mer, avait employé le plus primitif des ordinateurs, à savoir des cartes perforées. Et il avait préconisé l'em-

(45) *Cryptozoology*, 7, 1988, p. 2.

ploi d'ordinateurs pour résoudre le problème de l'origine de l'Homme. Dans ce domaine de l'origine de l'Homme aussi, d'ailleurs, il s'illustra par son anticonformisme. De même que, durant des décennies, il mit à mal la pensée unique en zoologie, il l'a malmenée en paléontologie humaine, en défendant la théorie de la bipédie initiale. Souvenons-nous du titre d'un des sujets de sa deuxième thèse : *La forme crânienne humaine est la plus primitive dans tout le groupe des Primates.*

Selon la théorie classique (elle-même diversifiée en de multiples variantes, ce qui prouve à quel point le débat reste ouvert !), l'homme actuel descend de « singes » qui, un beau jour, de quadrupèdes qu'ils étaient, seraient devenus bipèdes. Comme on situe en général ce processus évolutif en Afrique orientale, il est habituel de considérer que ces primates se sont redressés pour pouvoir regarder au-dessus des hautes herbes de la savane. Ainsi seraient apparus les australopithèques, ancêtres des pithécanthropes (ou *Homo erectus*) dont l'Homme moderne serait issu.

Or, la théorie de la bipédie initiale prend les choses complètement à rebours. L'Homme est très ancien, et c'est lui qui s'est mis à quatre pattes pour donner les singes. Cette thèse extrêmement intéressante a été soutenue par de rares auteurs scientifiques, dont le professeur Frechkop, le maître de Bernard à Bruxelles. A son tour, Bernard défendit cette thèse (notamment dans *L'Homme de Néanderthal est toujours vivant*). C'est donc avec satisfaction qu'il la vit adoptée par François de Sarre, l'un de ses plus fervents admirateurs, lequel devait créer le *Centre d'Etudes et de Recherches sur la Bipédie Initiale* (CERBI) [46] (Même si François de Sarre donne à cette théorie de la bipédie initiale une extension beaucoup plus grande, en expliquant par elle toute l'histoire des vertébrés).

Fougueux — et inconditionnel — défenseur du monde animal, Bernard a aussi défendu les hommes appartenant à ce qu'on nomme « ethnies minoritaires », innocents de nos erreurs, comme le sont les animaux. Il défendit notamment les Indiens d'Amazonie, qui lui étaient chers. Il a commencé à se préoccuper de leur sort en 1953, à une époque où nul ne n'en souciait. Ses initiatives en leur faveur portèrent leurs fruits dix ans plus tard, grâce à l'action de Yul Brynner auprès de l'O.N.U. et de l'U.N.I.C.E.F., et surtout, grâce à l'intervention de la *Ligue des Droits de l'Homme* qu'il alerta. Bernard possédait une énorme documentation ainsi que des lettres de correspondants brésiliens traitant des sévices subis par les Indiens, et même des tortures et massacres dont ils étaient victimes. Quelques années avant sa mort, il en fit don à l'association *Survival International* dont Alika était membre. Le directeur français auquel elle apporta deux gros cartons de documents parut émerveillé par la mine de renseignements rares qu'on lui offrait ainsi, mais à la grande indignation d'Alika n'écrivit à Bernard qu'un mot de remerciement si sec, si froid, qu'il en était à la limite de la discourtoisie... *No comment.*

A partir des années 60, Bernard se consacre presque exclusivement à la cryptozoologie, et ses travaux dans d'autres domaines deviennent de plus en plus rares. En 1967, cependant, il adapte le *Guide des Mammifères d'Europe* de F. H. van den

---

(46) Le CERBI publie la très intéressante revue *Bipedia*.

Brink, illustré magistralement par P. Barruel. Paru chez Delachaux et Niestlé, c'est un ouvrage très précis, qui deviendra le livre de référence sur le sujet. L'auteur est un ami de Bernard, qui a adapté ce guide du néerlandais, sa langue maternelle ; dans sa préface, le professeur Jean Dorst écrit :

Son texte a été traduit par le Dr Bernard Heuvelmans qui, délaissant un moment les animaux étranges parmi lesquels il se complaît, nous fait bénéficier de son habileté linguistique et de son solide savoir mammalogique. Tout en respectant scrupuleusement le texte original, il a su l'adapter aux nécessités d'une édition française.

L'année suivante, Bernard publie *Histoires et légendes de la mer mystérieuse*, chez Tchou. C'est une anthologie en fait, de textes qu'il a choisis et présentés. En 1970, il donne à *Horizons du Fantastique* un article très original intitulé *Magie à l'âge atomique*, dans lequel il démontre l'intérêt de la théorie des correspondances.

IX. Entre honneurs et amertume

En 1980, le professeur Roy Mackal, biochimiste de l'Université de Chicago, décide de créer — ou du moins de tenter de créer — une Société Internationale de Cryptozoologie. Il réunit pour cela, autour de Bernard, des spécialistes du Bigfoot (G. Krantz), de la pieuvre géante (F. Wood et J. Gennaro), de l'almasty (D. Bayanov), etc. Outre les membres fondateurs, d'éminents scientifiques les rejoignent, qui deviendront membres d'honneur, notamment Th. Monod, Sir Peter Scott, J. Napier, M. Latimer, A. Capart, I. Krumbiegel...

Bernard Heuvelmans et Peter Scott, Loch Ness, 1966
Bernard Heuvelmans and Peter Scott, Loch Ness, 1966

C'est ainsi que l'*International Society of Cryptozoology* fut fondée en 1982, les 8 et 9 janvier, dans les locaux de la Smithsonian Institution à Washington. Bernard qui était venu de France, en était, bien sûr, élu président, Roy Mackal, vice-président, et R. Greenwell, secrétaire-trésorier. Le 9 juin 1984, il préside à la Faculté de Jussieu, à Paris, la seule réunion de l'I.S.C. qui se tiendra en France. Les intervenants sont, outre Bernard Heuvelmans : Marie-Jeanne Koffmann, Jacqueline Roumeguère-Eberhart, Grover Krantz et Marcellin Agnagna.

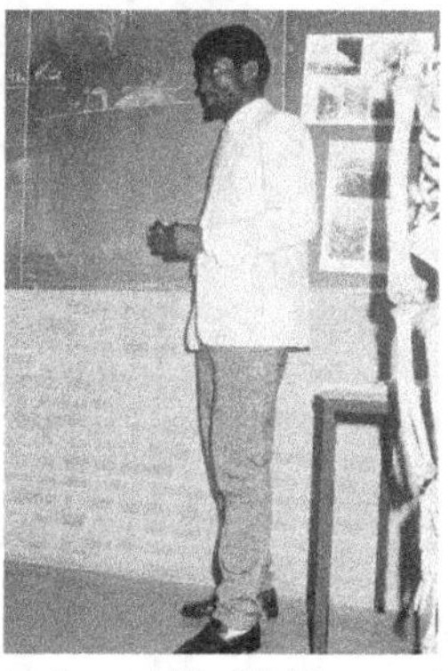

Marcellin Agnagna dessinant le « mokélé mbêmbé » congolais (photo Pierre Paillard)
Marcellin Agnagna, a congolese zoologist who participated to several expeditions, drawing the « mokele mbembe »

Jacqueline Roumeguère-Eberhart parlant des hominidés du Kenya (photo Pierre Paillard)
Jacqueline Roumeguère-Eberhart speaking about the unknown hominids of Kenya

Grover Krantz et le Dr. Leblond (Canada) (photo Pierre Paillard)
Grover Krantz and Dr. Leblond (Canada)

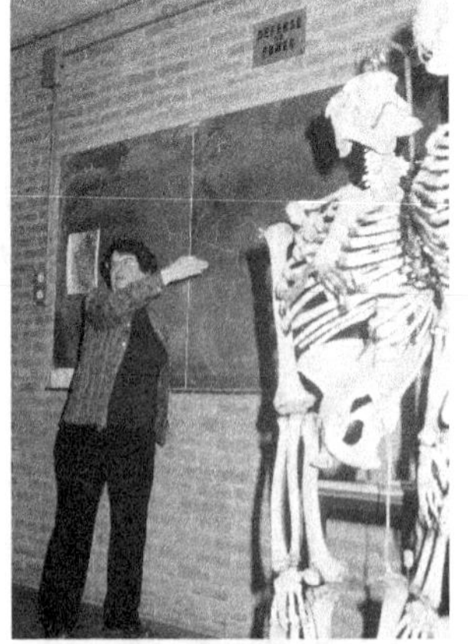

Marie-Jeanne Koffmann montrant au tableau la photo d'une empreinte d'almasty (photo Pierre Paillard)
Dr. Marie-Jeanne Koffmann showing on the blackboard the picture of an almasty footprint

*L'assistance dans laquelle on reconnaît Théodore Monod (2ème en partant de la gauche) et Jean-Jacques Barloy
(derrière lui) (photo Pierre Paillard)*
The audience, in which one can see Théodore Monod (2nd from left) and Jean-Jacques Barloy (right behind)

Par la suite, Bernard portera un jugement mitigé sur l'I.S.C.. Bien que président, il n'y exerce qu'un pouvoir limité : tout est décidé outre-Atlantique et ses avis sont souvent ignorés avec désinvolture. Bernard regrettait par exemple, que (sous prétexte de démocratie) l'admission à l'I.S.C. impliquât seulement de payer une cotisation. Il eût préféré qu'elle distinguât deux catégories de membres : des *Scientifics Fellows* (zoologistes dotés de diplômes) et des *Ordinary Fellows*. Richard Greenwell n'ayant tenu aucun compte de ce point de vue, des éléments un peu douteux purent s'introduire à l'I.S.C., ce qui nuisit à son image de marque et au sérieux de ses publications.

*Réunion de l'I.S.C., 7 juillet 1985, à Brighton (Sussex) ; de gauche à droite : Grover Krantz, Helmut Hemmer, David
Heppell, Bernard Heuvelmans, Piotr Klafkoski, Richard Greenwell*
*I.S.C. meeting, July 7, 1985, Brighton (Sussex); from left to right: Grover Krantz, Helmut Hemmer, David Heppell,
Bernard Heuvelmans, Piotr Klafkoski, Richard Greenwell*

L'I.S.C. ayant commencé à publier d'une part une revue annuelle : *Cryptozoology*, et d'autre part un bulletin trimestriel, l'*I.S.C. Newsletter*, Bernard leur reprochera de laisser la part trop belle, sous prétexte d'objectivité, aux détracteurs de la cryptozoologie. Au bout de quelques années, les deux publications prirent un retard considérable, si bien que la *Newsletter* notamment ne collait plus du tout à l'actualité. Et puis, finalement paralysée par des problèmes financiers en dépit de ses presque 900 membres [47] , l'I.S.C. dut suspendre ses activités. Bernard ne fit pas que des reproches à l'I.S.C. D'ailleurs, il publia continuellement des articles de fond dans *Cryptozoology*. Il rendit hommage à l'esprit d'initiative de Mackal, lequel avait permis, grâce à l'existence de cette Société, de faire entrer la cryptozoologie dans l'Etablissement scientifique. « *Car enfin* », écrit-il dans *Histoire Naturelle des Animaux cachés* [48], « *comment pourrait-on encore désormais ignorer ou traiter par le mépris un aréopage formé par des dizaines de savants académiques de tous pays, appartenant aux disciplines les plus variées de la biologie ?* »

« *La réalité est tellement mieux* », me répondit Bernard lorsque je lui parlai de *L'Homme du cinquième jour*. Et il est vrai que la découverte de l'Homme pongoïde est plus fascinante que n'importe quelle fiction. Lorsque je lui ai cité cette réaction, Alika m'a confié qu'elle allait dans le sens où avaient évolué les lectures de Bernard à la fin de sa vie. Se détournant de plus en plus des romans et nouvelles, il s'intéressait aux véritables aventures et aux biographies. Elle-même me dit que le jour où sa vie avait été aussi étrange et passionnante que ses rêves, elle n'avait plus eu envie d'écrire de romans ; sans que jamais Bernard et elle se soient consultés là-dessus, le « magique » de la vraie vie les avait amenés aux mêmes constats.

Quand même... je pense qu'inspirer l'image d'un héros de roman, de film, ou de bande dessinée, cela donne la mesure de la célébrité qu'on a atteint... Paru chez Gallimard en 1997, ce roman de Jean-Philippe Arrou-Vignod a pour héros un certain professeur Richard Dachmann, spécialiste des animaux ignorés ; bien entendu, toute ressemblance... etc.... En dehors de la haute taille (1,95 mètre) que lui prête le romancier, ce professeur misanthrope, plein de mépris pour les journalistes, et qui a fui le monde, évoque assez bien son modèle. Or, l'un de ses anciens amis, un Turc, a réussi à se procurer une main d'almasty, qu'il lui fait parvenir. C'est là le point de départ d'une expédition au Caucase, laquelle se terminera par une rencontre, fugitive mais impressionnante, avec l'almasty. « *C'est pourtant un honneur que d'être devenu un héros de roman* » insistai-je auprès de Bernard. Il ne semblait pas convaincu, mais je pense qu'au fond de lui-même, il s'amusait de cette consécration — un peu semblable à celle que lui apporta la série télévisée *X-Files* [49] : dans l'un de ses épisodes, un monstre se cache dans un lac appelé... lac Heuvelmans. Très nombreux sont d'ailleurs les romans, B.D, films qui doivent beaucoup à l'œuvre de Bernard. Ainsi, par exemple, à la fin du *Mystère du lac sans Nom* [50], Hiettre et Brouard ne manquent-ils pas de remercier Bernard Heuvelmans pour les informations qu'il leur a fourni sur l'anaconda géant, héros de leur B.D. et au début de *Kenya-1-Apparitions* [51], B.D. qui évoque la survivance

---

(47) Parmi eux, Valéry Giscard d'Estaing, au sujet de qui Bernard m'avait dit en souriant : « Il doit m'appeler Monsieur le Président ! »
(48) Chapitre VI.
(49) Episode intitulé *Quagmire* (en français *Les dents du lac* ; saison 3 épisode 22, diffusé pour la 1ère fois aux Etats-Unis le 3 mai 1996) ; le lac est situé en Georgie (Etats-Unis).
(50) J.Y.B. Aventures, 2002.
(51) Dargaud, 2001.

de grandes espèces préhistoriques dans ce pays, Rodolphe et Leo, les auteurs, remercient eux aussi Bernard, parmi une vingtaine d'auteurs et de personnalités dont Pierre Benoit, Edgar Rice Burroughs et Henry Rider Haggard... les grands noms du mystère. Bernard est en excellente compagnie, mais celui-ci n'aurait pas lu ces B.D. ni regardé ces films... pourquoi un tel rejet ? Alika pense que la grande sensibilité — et le sens de la justice, très aigu chez Bernard — lui valurent de beaucoup souffrir en secret des attaques et trahisons dont il fut l'objet, et d'avoir été déçu, à juste titre, qu'une découverte aussi hallucinante que celle de l'Homme pongoïde n'ait pas eu le retentissement qu'elle méritait. Il était également exaspéré par les stupidités mille fois entendues qu'il subissait chaque fois qu'il s'agissait de bêtes ignorées. Aussi évitait-il de lire des écrits ou de regarder des films sur la question, tant l'accumulation des bêtises le rendait fou de rage. Une exception, pourtant, les remplit tous deux de ravissement : le film *Harry et les Henderson,* qui raconte la rencontre d'une famille d'Américains moyens avec un Bigfoot. Le personnage de Harry (le Bigfoot), visiblement inspiré par les dessins d'Alika, y est émouvant et irrésistible. Quant à l'esprit dans lequel baigne le film — surtout la seconde partie où Harry est confronté à la stupidité et à la cruauté de la « race des massacreurs » — elle correspond d'une manière si troublante aux plaidoyers qui concluent plusieurs livres de Bernard, qu'il est fort improbable que le réalisateur ne les ait jamais lus ! Quoi qu'il en soit, ce film ravissant est profondément sympathique et tout à fait en accord avec la philosophie de Bernard.

Dans les années 70, le grand projet de celui-ci est de publier l'ensemble de ses dossiers cryptozoologiques en une vingtaine de gros volumes, sous le titre général *Bêtes ignorées du monde.* Une telle œuvre doit bien sûr s'étaler sur une dizaine ou une douzaine d'années : « *Voilà de l'ignorance qui tient beaucoup de place...* » avait-il dit de la Cryptozoologie [52].

Les Derniers dragons d'Afrique
The Last Dragons of Africa

Il s'attelle donc à cette œuvre gigantesque en commençant par les animaux mystérieux d'Afrique à l'aspect reptilien. Un premier volume paraît en 1978, sous le titre : *Les derniers dragons d'Afrique.* Il se présente sous un assez grand format avec, en couverture, un tableau d'Alika Lindbergh intitulé *La charmeuse de dragons.* Dans

(52) Introduction de *L'Homme de Néanderthal est toujours vivant,* p. 19.

l'atmosphère ténébreuse d'une épaisse forêt inondée, une jolie Africaine tend un bouquet à un dinosaure de type sauropode (c'est-à-dire diplodocus ou brontosaure) qui voisine avec un énorme python, et que survole un ptérosaurien. Serpents géants, dinosaures et reptiles volants sont en effet au cœur de l'ouvrage, dans lequel Bernard lance pour la première fois l'hypothèse selon laquelle, auprès d'un dinosaurien, de siréniens et de poissons (silures, notamment) inconnus, des machairodus, les célèbres félins aux « dents-en-sabre », se dissimuleraient encore en Afrique tropicale. Le livre comporte la première publication d'une photo capitale. Prise au Katanga, en 1959, depuis un hélicoptère militaire belge, elle montre parmi les arbres de la savane, un énorme python qui mesure — suivant la hauteur à laquelle vole alors l'appareil — de 10 à 14 mètres, c'est-à-dire battant le record officiel d'environ dix mètres. *Les Derniers Dragons d'Afrique* va avoir un impact considérable : le thème de la survivance des dinosaures étant évidemment des plus excitants ! Bernard s'attardait longuement sur les éventuels dinosauriens reliques du Gabon et du Congo-Brazzaville, sur lesquels un jeune zoologiste américain, James Powell, lui avait apporté des informations. Un tel animal, le mokélé-mbembé (déjà mentionné d'ailleurs dans *Sur la piste des bêtes ignorées*) semblait habiter plus particulièrement le secteur du lac Télé et de la Likouala-aux-herbes, dans le nord du Congo-Brazzaville. Les révélations de Bernard vont déclencher une vague d'expéditions lancées à la recherche de ce nouveau Graal : un dinosaure bien vivant ! A noter que dans ce genre de ruée vers l'or, on trouve (hélas !) beaucoup de Tartarins, qui s'imaginent pouvoir résoudre le mystère en quelques jours de promenade touristique... et bien sûr, reviennent bredouilles et déconfits. *Les Derniers Dragons d'Afrique* aurait dû être préfacé par le professeur Pierre-Paul Grassé. Celui-ci, qui possédait le château de Rouffillac, en Périgord, rencontrait souvent Bernard, Scott et Alika et se montrait toujours très passionné par le travail de Bernard. Malheureusement, sa préface manifestait une certaine « frilosité » et l'éditeur, comme Bernard, décidèrent finalement de ne pas la publier. En effet, le professeur Grassé n'osa jamais trop s'engager par écrit en faveur de la cryptozoologie, alors qu'il la soutenait à 100% dans la conversation. J'ai bien connu cet éminent zoologiste (il fut mon directeur de thèse) à la stupéfiante capacité de travail, et si non-conformiste à d'autres égards, en particulier sur l'Évolution. Après *Sur la piste des bêtes ignorées*, il disait à Bernard :
« *Alors, quand nous faites-vous quelque chose sur le Serpent-de-mer ?* ».
Dans *Les Derniers Dragons d'Afrique* (pp. 309-310), Bernard fait état d'un argument très intéressant de Grassé [53] : les Africains qui participent à des expéditions dans la forêt équatoriale se nourrissent de manioc, or, pour aller dans les endroits les plus écartés, ils devraient en emporter des quantités... impossibles à transporter. Il est donc encore des lieux qui demeurent quasi inexplorés. Alika Lindbergh rapporte un autre argument de Grassé. Dans le nord du Congo, branches et racines s'enchevêtrent au point de former une muraille infranchissable. « *Son opinion* », écrit-elle, « *était que peut survivre là-dedans n'importe quel animal réputé disparu, et aussi énorme qu'un grand dinosaure, sans que personne l'ait jamais vu, hormis les quelques rares autochtones qui l'ont mythifié, et auxquels peu de gens prêtent attention* ».

(53) *Testament d'une fée*, p. 69.

Les Bêtes humaines d'Afrique
The Human Beasts of Africa

Le deuxième volume de la série, *Les Bêtes humaines d'Afrique,* paraît en 1980. Même présentation, bien sûr, que le premier, avec également un cahier de photos et de nombreux dessins d'Alika Lindbergh, à qui l'on doit aussi la couverture, un tableau intitulé *La pensée lointaine,* qui nous montre un homme-singe méditant au cœur de la forêt africaine, non loin de sa compagne et de son enfant.

L'ouvrage débute par des chapitres qui traitent de curieux problèmes anthropologiques. Qu'on en juge par les titres : *Les intolérables nègres blancs, Les cannibales à queue,* et *Les hommes noirs à pieds fourchus.* Puis vient un chapitre sur de prétendus « enfants-singes » et « hommes-singes », où Bernard démontre qu'aucun cas d'enfant élevé par des singes n'a jamais été prouvé. Il détaille longuement la découverte des anthropoïdes (ou anthropomorphes), c'est-à-dire des chimpanzés et des gorilles, ainsi que celle des Pygmées. Il aborde ensuite les nombreux problèmes toujours posés par les grands singes africains, notamment l'affaire du gorille nain. Il en arrive enfin aux dossiers permettant de croire à la survivance d'australopithèques. Dans l'Ouest comme dans l'Est de l'Afrique (souvenons nous des Agogwe), il est question de nains velus, tandis qu'au centre du continent, ce sont des primates poilus beaucoup plus grands qui défrayent la chronique. Comme tous les livres de Bernard, celui-ci est passionnant et porteur de rêves d'aventures... mais hélas, la direction de Plon décide d'arrêter la collection après ce volume. La publication de la somme des *Bêtes ignorées du monde* est abandonnée parce que pas assez rentable. Déjà, pour m'expliquer le retard de la parution des *Bêtes humaines d'Afrique,* Bernard m'avait écrit, à la Pentecôte 1980 : « *Pour la présente direction de Plon, tout ouvrage qui ne se vend pas comme Astérix, James Bond ou S.A.S. est un insuccès !* » Bernard conçut une grande amertume de cet abandon. Et cependant, il continua d'écrire ce qu'il considérait devoir être l'œuvre de sa vie. Ainsi, il devait mener à bien quatre manuscrits : *Les Ours insolites d'Afrique, Les Félins encore inconnus d'Afrique, Les peu abominables Hommes-des-neiges* et *Histoire Naturelle des animaux cachés,* quatre inédits, donc, que nous allons publier dans la cadre des œuvres cryptozoologiques complètes de Bernard Heuvelmans.

Les titres qu'il avait prévus pour les autres volumes nous mettent l'eau à la bouche. Il les avait classés ainsi :

Europe :
— *De la Bête du Gévaudan au Ver à pattes des Alpes*
— *Les Derniers Hommes Sauvages d'Europe*

Asie :
— *Les Colosses velus d'Asie : Hommes sauvages et Mammouths*

Tropiques :
— *Les Nains velus des îles*
— *Des Vers géants aux horreurs ailées de l'Orient*

Australasie :
— *Des Bunyips australiens au Dragon papou*
— *Les Animaux impossibles de Nouvelle-Zélande*

Amérique du Nord :
— *Les Géants oubliés d'Amérique du Nord : Mastodontes et Sasquatches* [54]

Amérique du Sud :
— *De la Bête blonde de Patagonie aux dragons de l'Amazone*

Afrique :
— *Les Animaux étonnants du Continent noir*

Océan Indien :
— *Les Fantômes des îles*

Fleuves, lacs, marais :
— *Les Monstres des eaux douces*

Océans :
— *La Trinité océane : Sirène, Kraken et Serpent-de-mer*
— *La Bouillabaisse des Titans : les monstres marins non classifiables*

On comprend que l'abandon de son éditeur, pour un tel esprit, qui pouvait concevoir un travail de cette envergure, digne de zoologistes d'un autre âge (comme A. von Humboldt ou Brehm) ait été un coup difficile à encaisser. Mais reculer devant une trop grande œuvre est à l'image de notre époque, pour laquelle Bernard n'était pas fait. Nous avons au moins la consolation de savoir que tous les dossiers sur lesquels auraient reposé ces livres sont conservés en sûreté au Musée de Zoologie de Lausanne... Si déçu qu'il soit, Bernard continue d'écrire et d'être très actif. Il est invité en de nombreuses occasions à parler de cryptozoologie, par exemple en 1984 au Festival d'Avignon, ce qui est plutôt inattendu. Il y parla de la Cryptozoologie,

(54) Sasquatch est synonyme de Bigfoot.

bien sûr, et de ses méthodes. Au printemps de 1986, il se rend en Italie, et plus précisément dans le parc national des Abruzzes, célèbre pour ses ours et ses loups. Il faut dire que le directeur des parcs nationaux italiens, le Dr Franco Tassi, est passionné de cryptozoologie et est devenu un ami de Bernard. Franco Tassi est le fondateur du *Gruppo Criptozoologia Italia*. Ce voyage permet aussi à Bernard de retrouver son ami Massimo Izzi, auteur d'un important *Dizionario illustrato dei Mostri* (*Dictionnaire illustré des monstres*).

Bernard Heuvelmans et Massimo Izzi, mai 1986 (photo BH)
Bernard Heuvelmans and Massimo Izzi, May 1986

En 1983, Scott Lindbergh a réintroduit ses singes hurleurs dans le Parc National de Brasilia (avec succès) et décide de rester au Brésil où il y a beaucoup à faire dans les domaines de la protection de la nature ou des études éthologiques qui l'intéressent. Alika, qui ne veut pas quitter l'Europe et se déraciner, reste en France, d'abord à Verlhiac. Mais fin 1987, se rendant compte qu'il lui serait impossible d'assumer seule l'entretien du manoir et du domaine, tout en continuant son œuvre de peintre, elle décide avec la lucidité et le courage qui lui sont propres, de vendre Verlhiac et de se rapprocher de Paris. C'est une décision très dure, car tant de souvenirs et d'émotions l'attachaient à ce lieu d'un charme ancien incomparable... De plus, Bernard y a fondé et installé son merveilleux lieu de travail, ce Centre de Cryptozoologie auquel, évidemment, il est très attaché. Incapable — elle le sera toujours — de le laisser seul résoudre une situation aussi triste, elle décide de l'emmener, lui et ses tonnes de livres et documents dans un lieu qui puisse lui rendre la sérénité et, autant que possible, lui restituer un peu de l'atmosphère de Verlhiac. Cela semble une gageure, mais, ensemble, ils y arriveront. C'est ainsi que le Centre de Cryptozoologie est transféré au Vésinet, dans la banlieue ouest de Paris, certes, mais qui ne ressemble à aucune autre banlieue, au point d'être mondialement connue comme une exceptionnelle ville-parc, créée en 1858 par Alphonse Pallu, un industriel visionnaire, ami du duc de Morny. Grâce à sa conception unique et à un cahier des charges privilégiant la nature et l'esthétique, c'est, non loin de St-Germain-en-Laye, un lieu verdoyant où abondent les grands arbres et où, des pics aux rossignols, des mésanges aux grives musiciennes, tout un monde d'ailes et de chants anime la végétation. Alika découvre donc, à huit kilomètres de Paris, ce lieu incomparable et y acquiert une maison entourée d'un jardin. Au fond de ce jardin, une seconde entrée indépendante s'ouvre sur l'Allée des Acacias : ce sera désormais l'adresse de Bernard, qui, avec Alika, y fait construire son nouveau Centre de Cryptozoologie, protégé par un épais rideau de bambous... Le Centre de Cryptozoologie du Vésinet ressemble à s'y méprendre au bureau de Bernard à Verlhiac : dossiers et livres y tapissent les murs, des objets étranges ou rares ornent tables et étagères en chêne massif, ou même sont suspendus aux belles poutres apparentes. C'est une atmosphère très « heuvelmansienne », pleine de charme et de mystère. Le « 9 Allée des Acacias » au Vésinet va devenir pour une douzaine d'années le centre cryptozoologique du monde. De la fenêtre près de sa grande table de travail, Bernard peut laisser son regard errer sur le jardin qui relie son Centre à l'arrière de la maison d'Alika. Grâce à de nombreuses plantations, ce jardin ressemble maintenant à un coin de nature sauvage où les moineaux, les corneilles, les geais, les mésanges et aussi quelques chouettes aiment s'abriter. Au crépuscule, on peut même y observer des hérissons. De quoi permettre à Bernard de rester en contact avec une faune familière qu'il nourrit et observe avec amour.

Par une étrange coïncidence — une de celles qui l'intriguait tant — Joséphine Baker, qu'il avait beaucoup admirée, avait habité le Vésinet, tout comme elle avait vécu longtemps aux Milandes, non loin de Verlhiac...

Même si avoir dû abandonner la Dordogne fut une épreuve pour Bernard, il parvint, avec l'aide d'Alika, à « replanter ses racines » au Vésinet. Ce furent des années de labeur serein, sans doute assez heureuses et, en tout cas, paisibles, où son chat Georges, Maravilhosa puis Pôm, les chiennes d'Alika, les oiseaux et hérissons familiers, et, bien sûr, Alika elle-même, constituaient sa famille du cœur.

A plusieurs reprises, durant ces années, il va prendre la parole dans des occasions diverses. En juillet 1990, à Guilford, en Angleterre, il fait une communication à l'University of Surrey, dans le cadre d'un congrès organisé par l'I.S.C. et la Britain Folklore Society. Le sujet de son intervention est *La Métamorphose des Animaux inconnus en Bêtes fabuleuses et des Bêtes fabuleuses en Animaux connus*. Il reprend ce thème l'année suivante à Nantes lors du colloque annuel du CERLI (Centre d'Etudes et de Recherches des Littératures de l'Imaginaire). Il me dédicacera le texte de cette conférence (parue dans les *Cahiers du CERLI*) avec cette mention : « *Ce que j'ai écrit de plus important en fait de CZ* [55] »

Couverture des Cahiers du CERLI *contenant la communication de Bernard Heuvelmans*
Cover of the Cahiers du CERLI *with the article Bernard Heuvelmans considered*
« the most important he wrote on Cryptozoology » Izzi, May 1986.

(55) Abréviation souvent utilisée, par ses passionnés, pour cryptozoologie.

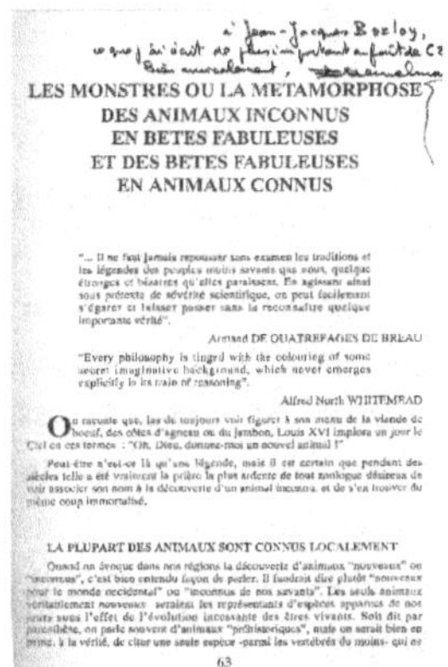

1ère page de la communication de Bernard Heuvelmans
1st page of Bernard Heuvelmans article

Marie-Jeanne Koffmann remettant à Bernard Heuvelmans sa carte de membre d'honneur de la Société
Cryptozoologique d'URSS, 21 mars 1990 (photo BH)
Dr. Marie-Jeanne Koffmann giving to Bernard Heuvelmans his card as honorary member of the USSR
Cryptozoological Society, March 21, 1990

En de très rares occasions, il accepte encore de s'éloigner de la cryptozoologie. En avril 1989, un jeune naturaliste passionné par son œuvre, Laurent Forge, l'interroge au micro de *France-Culture* sur la mort, celle des animaux et celle des hommes. L'occasion pour Bernard de se replonger dans des sujets abordés dans *Le Secret des Parques*. Il insiste sur le fait que la mort est une conséquence de la reproduction sexuée et rapporte un cas d'euthanasie chez les éléphants, qui lui a été relaté en Afrique du Sud. Il se refuse, bien sûr, à opposer l'animal et l'homme et considère que l'au-delà (auquel il ne croit guère) constitue un beau sujet d'exploration... En janvier 1990, à nouveau avec L. Forge et toujours sur *France-Culture*, il évoque les forêts tropicales et leur prodigieuse richesse en espèces végétales et animales. Et surtout, il dénonce leur destruction (un « crime crapuleux ») ainsi que le massacre des Indiens : en Amazonie, des tueurs commandités par une banque ont coupé en deux, encore vivante, une femme indienne... Et Bernard de constater amèrement : « *L'Homo sapiens a programmé sa propre disparition.* » En 1992, lors d'un nouveau colloque du CERLI, cette fois à Nanterre, il traite d'un thème original au titre inattendu : *Du Grotesque à l'Arabesque*, manifestement un clin d'œil à Edgar Poe.

Au début des années 1990, il rencontre avec quelques amis l'auteur chinois Shi Bo qui lui apporte des infos sur l'homme sauvage de Chine. En avril 1993, Bernard réalise un vieux rêve : visiter l'Asie. C'est son quatrième voyage sous les Tropiques, après l'Afrique, l'Amérique centrale et l'Amérique du Sud. Bien qu'elle ait quelque (légère) inquiétude pour sa santé — il a alors 77 ans — Alika l'encourage à faire ce voyage, pensant que son parcours ne serait pas complet s'il ne séjournait pas sur ce continent dont il avait tant parlé, tant rêvé et qui est certainement le plus varié sur le plan cryptozoologique. Il faut si c'est possible *vivre* ses rêves, pense-t-elle. Il atterrit donc à Singapour, où il est hébergé par Tee-Tee [56], la petite fille de l'inventeur du « baume du Tigre » et sa famille. Le quartier où ils habitent évoque une sorte de Vésinet (tropical) avec les mêmes « bosses de chameau » destinées à ralentir les voitures.

Bernard Heuvelmans déjeunant avec un orang-outan mâle adulte, zoo de Singapour (photo BH)
Bernard Heuvelmans having lunch with an adult male orangutan, Singapore Zoo

Bernard est frappé par l'ordre et la propreté qui règnent dans la ville, ainsi que par le luxe étourdissant des hôtels et des restaurants. Il rend visite aux orangs-outans du zoo où des tigres se baignent dans un décor sauvage. Il recueille quelques spécimens de grenouilles qui viennent de tomber sur la ville : une « pluie de grenouilles » a en effet accueilli, comme il se doit, un spécialiste du mystère animal... Il les photographie, puis les relâche, cela va sans dire ! Mais son goût du mystère sera comblé plus encore dans les grandes forêts de la Malaisie voisine. Près de Mersing, dans la province de Johore, la forêt est à proprement parler hallucinante, avec ses arbres hauts de quarante mètres. Première apparition de mammifère sauvage : celle d'un macaque. Bernard photographie d'étranges monuments, puis, à Endau, prend le bateau pour atteindre, après deux heures de traversée, l'île de Pulau Tioman. On lui fait faire le tour de cette île en hors-bord, à une vitesse d'enfer, ce qu'il déteste. Il avait horreur des engins bruyants et rapides qui perturbent la nature et chassent les animaux, et ce n'est que lorsqu'on l'a déposé sur l'île qu'il peut regarder en paix la splendeur de la nature sauvage. Lorsque Tee-Tee lui signale « un gros lézard » il se précipite : « *c'est alors* », dira-t-il, « *une vision fabuleuse de la préhistoire* » — deux grands varans, longs d'au moins 1,80 mètre sont là, dans leur cadre naturel encore inviolé. Emerveillé, il passe huit jours en pleine jungle où il rencontre à nouveau des varans, quelques macaques, et... des tonnes de crottin d'éléphants sauvages. Mais,

(56) Miss Lee Teng Tee, une amie qui l'a invité et qui lui a facilité tous ses déplacements avec une grande générosité.

s'il est venu dans une réserve forestière située entre Mersing et Endau, c'est pour examiner un endroit particulièrement émouvant pour lui, car on y a relevé des empreintes de pieds longues de 37 et 45 centimètres. C'est là, il le sait (car c'est à la suite du témoignage qu'elle lui a envoyé qu'il a correspondu avec elle) que Lee Teng Tee — c'est-à-dire Tee-Tee — a entendu un effroyable rugissement et reçu une pluie de petits cailloux lancés par un être mystérieux mais donc pourvu de mains...

Bernard Heuvelmans examinant le site contenant des empreintes de pied , Johor, Malaisie (photo BH)
Bernard Heuvelmans examining the location with giant footprints, Johor, Malaysia

Traces de pas relevées, mesurant entre 37 et 45 cm
The footprints, measuring between 37 and 45 cm (15 to 18 inches)

C'est un être bien connu par les rares autochtones de la région, un grand primate, sans conteste, que Bernard pense être « le grand Yéti », autrement dit un gigantopithèque [57]. Dans la région, ce primate est appelé le Jarang Gigi. Le secteur du lac Tchini est habité par des Jakun, des Proto-Malais veddoïdes, c'est-à-dire apparentés aux Vedda de Ceylan. L'un d'eux, Talib bin Lehman, un bûcheron du village de Bukit Serdang, connaît le primate énigmatique de réputation, et en parle à Bernard.

Bernard Heuvelmans et Tabib bin Lehman, aborigène Jakun de 40 ans, bûcheron du village de Bukit Serdang, Johor (photo BH)
Bernard Heuvelmans and Tabib bin Lehman, a 40 years old Jakun aborigin, lumberman in the Bukit Serdang village, Johor, who has heard about the Jarang Gigi

Mieux encore, le capitaine Mokhtar Mohamed a eu, lui, un contact physique avec celui-ci au printemps de 1989 : sentant une grande main se poser sur son épaule, il a été saisi de frayeur et, par réflexe, il a frappé le Jarang Gigi avec sa machette. Sa femme qui l'accompagnait avait vu, elle, de face, le grand primate inconnu, et elle avait eu si peur qu'elle avait perdu l'enfant qu'elle portait depuis six mois : de quoi convaincre les plus incrédules, pour reprendre une expression de Bernard... Ces Jarang Gigi — ces grands Yétis — sont particulièrement signalés près de la cascade de Taman Negeri (que, bien sûr, Bernard photographie). Ils sèment la terreur dans une plantation d'hévéas — bien qu'ils ne soient jamais agressifs et paraissent plutôt doux et timides — mais leurs cris et leur aspect terrifient à tel point les Malais qu'ils refusent d'y travailler : il faut embaucher des Indiens.

Dans tous les endroits sauvages où Bernard est allé parce que des traces y avaient été relevées ou la présence du grand primate signalée, il avait ressenti d'une manière intense qu' « il était *observé* ». Visiblement, devait-il confier à Alika, ces forêts étaient habitées par quelque chose — ou plutôt quelqu'un — dont la présence se ressentait d'une manière troublante. Il en revient impressionné, ému, et très préoccupé par la nécessité de protéger ces grands primates dans leur sanctuaire. Plus que jamais, la crainte de voir « la race des massacreurs » partir troubler la paix et menacer la vie des êtres mystérieux l'inquiète et, selon Alika, le hantera jusqu'à sa mort.

Près du lac Tchini, il a l'occasion de photographier aussi un énorme « Trou de serpent » où gîtait, trente ans plus tôt, assure-t-on, un python colossal qui fut tué par un sorcier. Comme lors de ses périples précédents, Bernard photographie les paysages

(57) Dans *Sur la piste des bêtes ignorées*, il avait évoqué « les hommes-singes moustachus de Perak » (I, pp. 136-139) qui se rapportaient à cette espèce.

et les monuments, les œuvres d'art, les animaux et les humains. Il s'émerveille de la beauté des Asiatiques qui l'entourent, d'autant plus que petites, brunes, et gracieuses, elles correspondent particulièrement au type de femme qui le touche le plus. Quant à elles... il semble que plusieurs d'entre elles aient été très sensibles à son charme légendaire !

Dans le parc national de Taman Negara, qui protège la forêt primitive la plus ancienne au monde, il effectue une exténuante ascension — rappelons qu'il a 77 ans — sans hésiter le moins du monde. Les habitants de la région sont des Batek, parents des Négritos. Bernard a l'occasion de photographier un animal peu connu : l'éléphant de Malaisie, noir, et très velu. Un orang Asli (c'est-à-dire un Malais) lui rapporte un témoignage sur « le monstre » du lac Tchini : une masse allongée, noirâtre, avec une partie visible de cinq mètres, progressant de façon rectiligne... Une amie de Tee-Tee offre à Bernard une plume d'argus longue de 70 centimètres, constellée de splendides ocelles. L'argus est en effet l'un des plus beaux faisans au monde. Bernard la rapportera à Alika, chez qui on peut toujours l'admirer. Avant de quitter la province de Johore, Bernard rencontre lors d'un dîner au *Merlin* une très jolie chanteuse de jazz philippine qui chante avec un petit groupe de compatriotes : de quoi lui rappeler l'une de ses passions de jeunesse...

Mais un de ses rêves était de visiter Bornéo, et il va finalement le réaliser en y effectuant un raid aventureux dans l'extrême nord de la partie malaisienne de l'île. Il atterrit à Kota Kinabulu, d'où il gagne le village de Sukau, sur les rives du Kina Batanjang, où il souhaite observer des singes extraordinaires : les nasiques. Ils sont timides et très farouches, comme beaucoup de primates essentiellement mangeurs de feuilles. Chez le mâle surtout, le nez prend l'allure d'une masse charnue qui pend jusqu'au menton. Il est assez drôle de signaler à ce sujet que les Malais le surnomment... « homme hollandais », car comparé au petit nez des Asiatiques, l'appendice nasal des Blancs qui avaient colonisé l'île leur paraissait plutôt... imposant ! Second objectif de son incursion à Bornéo : la visite du centre de réhabilitation des orangs-outans à Sepilok. Rappelons-le : l'orang-outan, gravement menacé, ne subsiste plus qu'à Bornéo et Sumatra. Le sauvetage des jeunes orangs-outans victimes du braconnage et leur rééducation en vue de les réintroduire dans la nature furent successivement l'œuvre de Barbara Harrison, puis de Birouté Galdekas. Le Centre comprend une « station de nourriture » et un « centre de rencontres rapprochées » où une jeune femelle fourre gentiment des feuilles dans la bouche de Bernard, pour lui montrer son affection. Bien entendu, sur les photos prises au cours de cette visite, Bernard est rayonnant. Une croisière en bateau va lui permettre à nouveau d'observer des nasiques, taches d'un roux éclatant dans le vert de la végétation, bondissant de branche en branche. C'est la dernière image d'un paradis menacé qu'il emportera dans son cœur.

En juillet, c'est le retour en France, au Vésinet. Il rapporte la plume d'argus, une empreinte de tigre dans la terre cuite, et beaucoup d'autres souvenirs, parmi lesquels une robe orange : celle des moines bouddhistes qui lui a été offerte là-bas, ce qui est tout à fait exceptionnel. Il la range soigneusement, pliée dans sa boîte d'origine. Il la destine à son dernier voyage.

A partir des années 70, la cryptozoologie va être en butte à une dérive, puis à une offensive. On appelle « fortéen » le mouvement inspiré par les travaux de l'écrivain américain Charles Fort qui, dans ses ouvrages, recensa avec brio les phénomènes étranges et inexpliqués. Lui-même était un homme remarquable, mais, comme il arrive souvent, ses « disciples », eux, commirent l'erreur d'amalgamer toutes ces « anomalies » et énigmes, et finirent — entre autres — par voir dans les animaux mystérieux des créatures extraterrestres, des fantômes, des projections mentales, etc... Cet état d'esprit irritait Bernard, pour qui les bêtes ignorées étaient bien réelles et relevaient évidemment de la zoologie. Il ne faudrait pas pour autant en déduire que Bernard était hostile à l'ufologie (étude des ovnis), à la parapsychologie et aux autres sciences parallèles. Il était au contraire intéressé par elles, gardant, comme tout vrai scientifique devrait le faire, un esprit ouvert à toute question demandant une recherche sérieuse, et des réponses. Mais il ne voulait pas qu'on les mélangeât à tort et à travers avec la cryptozoologie. L'offensive folkloriste, pour sa part, se développa dans les années 80. Elle émanait de chercheurs en sciences humaines à tendance « psychosociologique ». Pour eux, les témoins d'animaux étranges sont des gens qui transportent dans leur cerveau des images de monstres et qui les prennent pour la réalité. Mais dans ce cas, on pourrait tout aussi bien prétendre que le loup ou le renard n'existent pas ! Et comment expliquer qu'on ne recueille en France aucun témoignage de rencontres avec des dinosaures, alors que, sous l'influence du cinéma et de la télévision, nous baignons dans la « dinosaurmania » ?

Heureusement, toute cette agitation n'empêche pas Bernard d'avoir de grandes satisfactions.

Bernard Heuvelmans et son ami Peter Costello, au Vésinet, 1998
Bernard Heuvelmans and his friend Peter Costello, Le Vésinet, 1998

En 1995, une nouvelle édition anglaise de *Sur la piste des bêtes ignorées* paraît à Londres chez Kegan Paul International, avec une préface actualisée et une illustration enrichie.
En février 1997, l'Université de Hambourg lui décerne le Prix Gabriele Peters de la Science fantastique, en le sacrant le « Brehm du monde animal inconnu ».

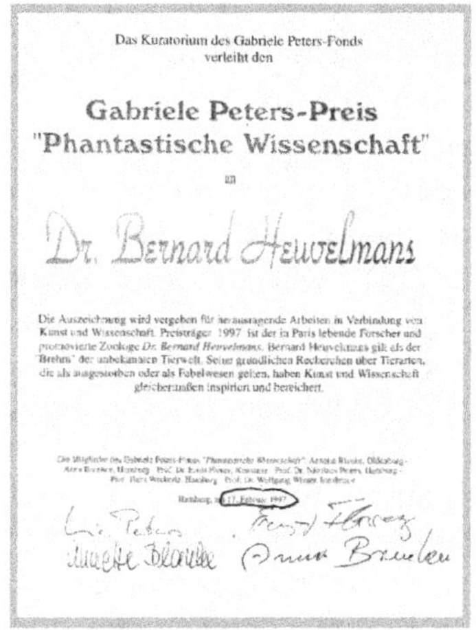

Prix Gabriele Peters de la Science fantastique, février 1997, décerné à Bernard Heuvelmans
Gabriele Peters Prize for Fantastic Science, February 1997, given to Bernard Heuvelmans by
the University of Hamburg

Malheureusement, son état de santé ne lui permet pas d'aller recevoir ce prix, et c'est son ami Herman Reichenbach, cryptozoologiste et journaliste, qui le représentera à Hambourg pour la cérémonie, puis viendra lui apporter son prix, accompagné par un éminent représentant de l'Université.

Deux chapitres, prévus pour *L'Histoire Naturelle des Animaux cachés* font en 1996 et 1997 l'objet de publications luxueuses de la part de *Criptozoologia*, la revue du groupe cryptozoologique italien, animé par Franco Tassi. Deux brochures magnifiquement présentées et illustrées : *Le bestiaire insolite de la Cryptozoologie* et *Histoire de la Cryptozoologie*.

En 1998, Bernard, qui a renoncé à prendre ses vacances annuelles dans sa chère Ile du Levant parce qu'il se sent affaibli et fragile, n'arrive plus à travailler sans s'épuiser rapidement. Conseillé par Alika, qui veut lui éviter de s'angoisser pour l'avenir de ses précieuses archives (dont elle a pu constater qu'elles suscitaient les convoitises !), Bernard décide de mettre en lieu sûr les trésors de son Centre de Cryptozoologie. Mais il faut pour cela un endroit sérieux, où ses documents ne seront pas mis à pourrir dans une cave et oubliés, comme il arrive, hélas !, dans des Institutions apparemment des plus prestigieuses ...

Or, en 1986, à l'occasion d'une conférence qu'il avait faite à Lausanne, il avait rencontré les responsables scientifiques du Musée Cantonal de Zoologie de cette ville et avait noué avec eux, en particulier avec le Dr Daniel Cherix, des liens d'amitié et de confiance mutuelle.

Aussi, lorsqu'Alika et lui reparlent en 1998 de la meilleure solution à trouver pour sauver les archives, Bernard choisit la Suisse, parce qu'il voit en elle un pays *civilisé,* un pays d'ordre et de paix, où le fruit de ses travaux sera en sûreté, mieux qu'ailleurs. Alika reprend alors contact avec le Musée de Zoologie. Son conservateur-adjoint Daniel Cherix, comme le directeur Michel Sartori, se montrent chaleureux et enthousiastes. Ils le seront plus encore lorsque, venus au Vésinet, ils constateront de visu l'importance du legs qui va leur être fait, ainsi que son énorme intérêt scientifique. Durant les jours de déménagement et surtout de mise en ordre, dans des boîtes en carton, des livres et dossiers, Bernard aidera, debout, ses amis du Musée. Enfin, les tapissières partent pour la Suisse. Epuisé, Bernard doit se reposer plusieurs jours. Mais il est apaisé, et, en fait, très heureux : un demi-siècle de travail est en sûreté. Ainsi — moment historique — le Département de Cryptozoologie Bernard Heuvelmans et l'exposition sur la Cryptozoologie sont inaugurés à Lausanne le 12 octobre 1999 à 17h30, deux jours après l'anniversaire de Bernard. Sa gestion est confiée à Olivier Glaizot. Des amis, qui sont venus à l'inauguration, s'empressent de téléphoner à Bernard pour lui faire part de leur satisfaction. Lisbeth, l'amie finlandaise, était là, et, au Vésinet, c'est Fabienne, venue de Rome, qui fête la bonne nouvelle avec Bernard et Alika. Il est content, très content. Il est aussi extrêmement fatigué, et, en novembre, il se couche. Il ne quittera plus sa chambre où Alika et Pôm viennent lui tenir compagnie, et, aussi souvent que possible, le faire rire. Désormais, il regarde la télévision (même si la débilité grandissante des programmes le navre souvent) et lit beaucoup. Des biographies d'artistes ou de penseurs, des livres sur le cinéma qui l'a toujours passionné, des ouvrages d'Alphonse Boudard, pour qui il a toujours éprouvé beaucoup de sympathie. Il s'enthousiasme pour un livre que lui a recommandé Alika : *La vie secrète des plantes*, qui s'attache à démontrer que les végétaux éprouvent des émotions. C'est une période de grande sérénité faite de petites joies essentielles : Alika lui amène parfois un hérisson du jardin, ce qui le fait « craquer » (comme on dit) ; ils prennent l'apéritif ensemble ; des amies lointaines mais fidèles téléphonent : Maguy, Fabienne, Lisbeth, Marie-Hélène, Ghislaine, etc. Et puis, il y a les visites du tout dernier ami auquel il acceptera de se montrer : Richard Goldstein, son ami acupuncteur qui, jusqu'au bout, lui évitera l'hôpital et l'inutile et cruel acharnement thérapeutique. Tous deux épris de sagesse animale, tous deux bouddhistes, ils se comprennent et s'aiment.

Et le 22 août 2001, Bernard Heuvelmans s'éteint, la main droite dans celle d'Alika, la gauche tendrement léchée par Pôm. Il est midi cinq. Conformément à ses vœux, il a été inhumé dans la robe orange des moines bouddhistes, sans caveau ni croix, bien sûr, et dans un cercueil biodégradable. C'est un retour à la terre-mère, à cette nature qui fut sa mère, son amie, et sa seule patrie. Sur sa tombe, envahie par le lierre et les clématites sauvages, un gros galet porte une seule mention :

Dr Bernard Heuvelmans

Père de la Cryptozoologie

1916-2001

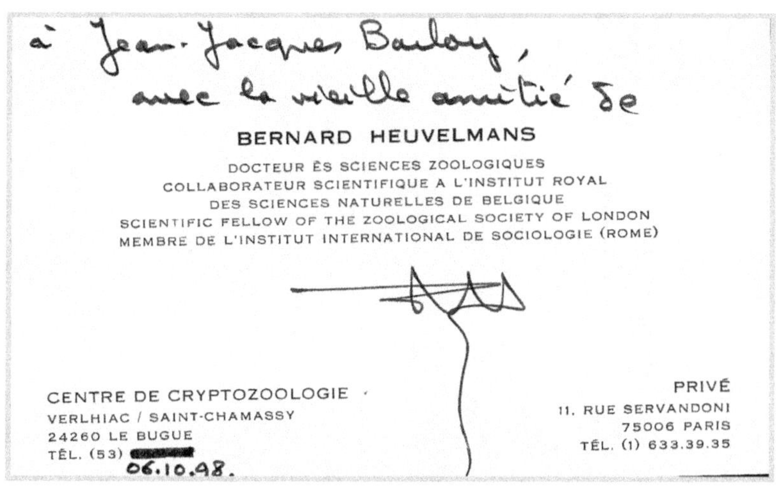

Carte de visite deBernard Heuvelmans.
Bernard Heuvelmans' business card.

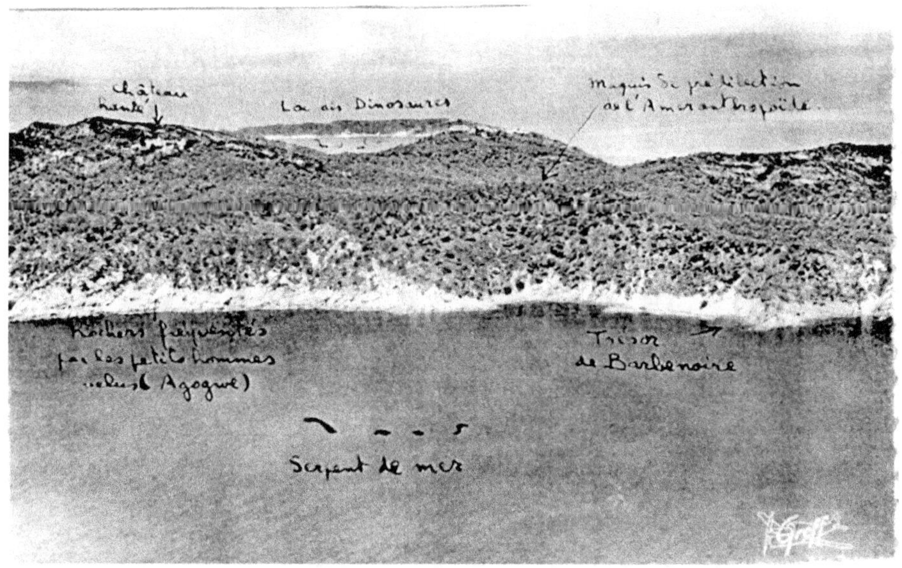

Carte postale envoyée de l'Ile du Levant par Bernard Heuvelmans à son ami Henri Vernes, le 18 mai
1953, avec le sens de l'humour caractéristique de celui-ci (photo Henri Vernes)
Postal card sent from the Ile du Levant by Bernard Heuvelmans to his friend Henri Vernes, on May 18
1953, showing his characteristic sense of humor

X. Le tort d'avoir au raison trop tôt

Un demi-siècle s'est écoulé depuis la parution de *Sur la piste des bêtes ignorées*. Les titres que Bernard avait donnés aux chapitres ou aux parties de l'ouvrage : « L'Aventure zoologique n'est pas morte », « Le monde perdu est omniprésent », « L'espérance de découvrir encore des bêtes inconnues » ont conservé, de nos jours, une résonance quotidienne. Les découvertes zoologiques se succèdent à un rythme tel que l'on s'essouffle à vouloir le suivre.

A toutes celles que nous avons évoquées, on peut ajouter, parmi les plus récentes, deux dendrolagues (kangourous arboricoles) en Nouvelle-Guinée, un grand lézard à Gomera (Iles Canaries), deux titis (petits singes) au Brésil, un râle aux Philippines, un macaque dans l'Himalaya indien, une chouette en Indonésie, etc. Au Brésil est découvert en 2004 un énorme pécari... encore plus grand que celui du Chaco décrit une trentaine d'années plus tôt...

D'innombrables redécouvertes d'espèces à peine connues, ou considérées comme disparues, s'ajoutent à la liste. Ainsi, en Nouvelle-Guinée indonésienne, celle du Mégapode de Bruijn (*Aepypodius bruijnii*) que l'on n'avait jamais revu depuis sa découverte il y a 60 ans. Les Mégapodes sont des gallinacés, qui confient l'incubation de leurs œufs à des amas de matières végétales.

La série a continué avec, entre autres, le pic à bec d'ivoire, retrouvé aux Etats-Unis, le mérulaxe de Style (passereau de Colombie), un mangabey (singe de taille moyenne) en Tanzanie, un avahi (lémurien) à Madagascar et un mystérieux carnivore (viverridé ?) photographié à Bornéo.

D'autres découvertes concernent seulement des mutations ou des populations au sein d'une espèce connue, mais sont néanmoins fort intéressantes : Guépard blanc du Ténéré, Eléphant de l'Himalaya au Népal, Ours bleu (variété de l'ours noir) en Alaska, Rhinocéros de la Sonde au Vietnam, Gorille de côte au Nigeria, Cheval de Riwoche au Tibet, Mouflon à manchettes en Egypte, Panthère de Géorgie ...

Il est faux de dire que la Cryptozoologie ne s'intéresse qu'aux animaux de grande taille, bien entendu. Simplement, les grands animaux ont plus de chances d'être vus et observés.

La découverte d'espèces de petite taille est particulièrement remarquable lorsqu'elle s'opère en des lieux peu propices à de telles trouvailles. Ainsi, en Europe occidentale, sont encore décrites des espèces inconnues de chauves-souris (deux, rien qu'en France, ces dernières années) ou d'amphibiens — par exemple la grenouille pyrénéenne (*Rana pyrenaica*) en 1990 sur le versant espagnol des Pyrénées.

Parmi les animaux de petite taille découverts récemment à travers le monde, les Mantophasmatodes méritent une mention spéciale : il s'agit d'un nouvel ordre d'insectes, trouvés en 1998 dans le désert du Namib, en Afrique australe.

De nos jours, beaucoup de descriptions d'espèces sont fondées sur la génétique, plus précisément sur le nombre de chromosomes ; ce sont là plutôt des distinctions que des découvertes.

Dans le domaine marin, parmi les trouvailles de ces dernières années, figurent des céphalopodes (avec la remise à l'honneur d'un genre de calmar colossal : *Mesonychoteuthis*, qui serait plus massif que l'Architeuthis), des méduses (comme l'extraordinaire Tiburonia du Pacifique, en 2003), des requins (comme celui de l'Ile de Malpelo en Colombie), des cétacés (à nouveau une baleine-à-bec : *Mesoplodon bahamondi,* au large de l'île Juan Fernandez, au Chili, en 1995) et, tout récemment, un rorqual de dix mètres ! (*Balaenoptera omurai*).

A propos de cétacés, des émissions sonores insolites provenant d'un cétacé à fanons sont suivies, depuis une douzaine d'années, dans le nord du Pacifique. Toujours du côté des « géants », un très sérieux article de *Pour la Science* (janvier 2005) évoque une possible survivance des curieux dinosaures d'Alaska quelque peu postérieure à la fin du secondaire.

Du côté des « petits », au contraire, (que ne dédaignait pas Bernard), mentionnons d'étranges sangsues dans des lacs souterrains de Croatie, et des foraminifères tout à fait particuliers dans la fosse des Mariannes, en attendant ce que nous réservent les lacs sous-glaciaires d'Islande et de l'Antarctique.

D'éclatantes confirmations de la démarche cryptozoologique ont été apportées par les découvertes d'ossements d'animaux décrits par d'anciens explorateurs qui les avaient rencontrés vivants — un porphyrion (le Koau) aux Iles Marquises, un rallidé également sur l'Ile de l'Ascension, un gros rongeur sur l'Ile Fernando de Noronha. Michel Raynal — un très actif fils spirituel de Bernard — aime insister sur ce genre de trouvailles. M. Raynal appartient à cette génération de cryptozoologistes qui se sont engagés dans le sillage du maître, une génération à l'éclosion de laquelle j'ai pu assister. Parmi de nombreux autres noms, je voudrais citer celui de Benoît Grison dont la compétence est servie par une vaste érudition.

J'ai mentionné des découvertes d'ossements subfossiles d'un grand intérêt crypto-zoologique. Or, voici que vers la fin de 2004, une découverte paléontologique étonnante fait les gros titres des médias du monde entier. Celle de l'homme de Florès (*Homo floresiensis*), un pygmée d'environ 1,06 mètre, qui vivait encore sur cette île d'Indonésie voici 18 000 ans. Et s'il avait subsisté plus tard ? Du coup, tous ces petits hommes révélés par Bernard — Nittaewo de Ceylan, Orang pendek de Sumatra, pygmées des Iles Salomon, des Nouvelles-Hébrides et des Fidji — acquièrent un intérêt saisissant. Ensuite, c'est une empreinte « humaine » trouvée au Mexique qui a relancé les polémiques sur l'ancienneté de l'homme nord-américain (et d'autres primates ? Pensons au Bigfoot).

Se trouvant confirmées de façon si spectaculaire, la cryptozoologie et l'œuvre de Bernard continuent à vivre sur des plans variés. Associations, bulletins, sites Internet se sont multipliés... et ne sont certes pas toujours du niveau qui s'imposerait. Films, romans, B.D. d'inspiration cryptozoologique se succèdent sans relâche. Bien sûr, comme je l'ai dit, ils ne présentent pas forcément l'esprit qu'eût souhaité Bernard. Néanmoins, ils entretiennent l'intérêt du public pour les mystères zoologiques.

Dans le monde scientifique, des partisans de la cryptozoologie se sont manifestés de tous côtés. C'est le cas de deux grandes anthropologistes françaises, Anne Dambricourt-Malassé et Yvette Deloison, cette dernière prenant fermement position en faveur de la théorie de la bipédie initiale. Pour sa part, un zoologiste du Muséum d'Histoire Naturelle de Chartres, François Colin, ne craint pas d'aller régulièrement au Loch Ness pour l'explorer dans un sous-marin de poche.

Dr Bernard Heuvelmans
CENTRE DE CRYPTOZOOLOGIE
Verlhiac Saint-Chamassy
24260 LE BUGUE (FRANCE)

Février 1983

AVIS DE RECHERCHE

Dans quel écrit d'Alexander von Humboldt est-il question d'un perroquet resté le seul dépositaire d'un idiome, perdu à la suite du massacre total d'une population d'Indiens américains ?

Dans quels magazines ont paru en décembre 1937, ou plus tard, des articles, illustrés de photos, sur AZZO, un homme-singe prétendu (en réalité un microcéphale) découvert au Maroc ? (Voir à ce sujet HEUVELMANS, les Bêtes humaines d'Afrique, Paris, Plon, 1980).

Qui possède dans ses archives la critique que Léon Daudet a consacrée dans l'hebdomadaire Candide au livre de Ch. Fiessinger, Souvenirs d'un médecin de campagne (1934), article où il est question d'un hybride présumé de femme et de singe ?

Quelqu'un a-t-il des lumières sur un être mi-chèvre mi-homme, gardé captif il y a 200 ans environ par des Indiens d'Amérique du Nord ? Après avoir été examiné par un Européen, il aurait été tué par ses gardiens puis disséqué par le visiteur. Celui-ci aurait envoyé son squelette en France, où il allait faire partie des trésors du Cabinet d'histoire naturelle d'un M. de Fayolles.

Qui aurait dans ses dossiers la photo d'un ptérodactyle présumé, prise par Ian Colvin et qui illustra un article d'Archibald Fraser, paru en 1959 dans un grand journal conservateur britannique ?

Des questions que posait Bernard Heuvelmans en 1983 sur la cryptozoologie, toujours sans réponse, à l'exception de la 1ère, résolue par Benoît Grison
Some questions asked in 1983 by Bernard Heuvelmans about Cryptozoology, still unanswered today, except for the 1st one, solved by Benoît Grison

Dans d'autres pays, moins conformistes que le nôtre, les soutiens à la cryptozoologie sont encore plus nombreux.

Ainsi donc, le sillon creusé par Bernard ne cesse de s'étendre. J'espère que cette biographie aura rendu compte des multiples et fascinantes facettes de ce personnage hors du commun. Son grand mérite aura été de bousculer la pensée unique en zoologie, et en d'autres domaines. Bernard Heuvelmans fait partie de ces gens qui, à l'écart des modes, et loin des diktats du « scientifiquement correct », ont secoué le confort intellectuel qui anesthésiait leur époque. Et sa rébellion a changé notre vision du monde vivant. On avouera que ce n'est pas rien.

Bernard Heuvelmans et la Cryptozoologie : bilan et perspectives

Benoit Grison

« Le naturaliste, à mon avis, ne doit pas s'attacher exclusivement à l'étude des objets qu'il touche de la main ou dont il saisit nettement l'image ; il peut étendre ses investigations plus loin, et chercher à découvrir ce qui est probable aussi bien que ce qui est certain. Il agrandit ainsi le domaine de la science, et ouvre des voies nouvelles, qui conduisent souvent à des découvertes importantes »

(Alphonse Milne-Edwards, 1870).

«Je me suis souvent présenté comme un marginal au sein du monde scientifique. Les gardiens du Graal sont en droit de dire qu'ils n'ont rien à faire de tels marginaux. C'est possible, mais la science, elle, a besoin d'eux » (Erwin Chargaff, *Le Feu d'Héraclite, scènes d'une vie devant la Nature*, 1979).

La biographie que vous venez de lire, consacrée au parcours du zoologiste franco-belge Bernard Heuvelmans, brille par la qualité exemplaire de son écriture, nerveuse et précise tout à la fois, et par sa richesse informative. De sa plume alerte, Jean-Jacques Barloy fait ainsi revivre dans ses différentes dimensions la figure fascinante d'un collègue qui fut surtout un ami : nul doute que ceux qui l'ont connu trouveront dans ces pages matière à évocation vivace de la mémoire de ce scientifique remarquable et iconoclaste. Mon propos, distinct et complémentaire, sera ici de cerner brièvement les traits caractéristiques du « style de pensée » scientifique propre a Heuvelmans, et de dresser un bilan provisoire des avancées et difficultés actuelles de la démarche cryptozoologique, initiée il y a quelque cinquante ans de cela.

De omni re scibili : le scientifique interdisciplinaire

Ce qui caractérise Bernard Heuvelmans dès le début de sa trajectoire intellectuelle, c'est bien une **approche interdisciplinaire** qui restera sienne tout au long de sa carrière. Familier des avancées de la Physique Fondamentale et de la Cosmologie (ses deux premiers livres de 1944 et 1945 leur sont dévolus), il est amené à leur contact à adopter une conception anti-positiviste de la science, fustigeant à de multiples reprises une vision étriquée du « fait scientifique » héritée du $19^{\text{ème}}$ siècle. Sa référence centrale en Epistémologie restera toujours le « commodisme » du grand mathématicien Poincaré, lequel prône un « scepticisme ouvert » en science : il y a bien une Réalité extérieure à notre esprit, mais comme la Nature ne parle pas d'elle-même (« Le Ciel ne parle pas », disait déjà Confucius), nos prétentions à épuiser le Réel à travers les théories scientifiques resteront vaines, même à très long terme, et ce malgré le progrès des connaissances.

Une autre influence en la matière, plus surprenante dans un tel contexte, est celle d'Anatole France, lui-même très marqué par le rationalisme des Lumières : Heuvelmans aimait à citer son « le véritable sceptique doit douter de tout, y compris de son scepticisme ».

De ce positionnement épistémologique, le fondateur de la Cryptozoologie tire des conséquences claires : il n'exclut pas la possibilité de vérités d'ordre métaphysique (en phase avec la conclusion de Popper : la science n'a rien à dire pour ou contre la Métaphysique) mais s'insurge contre les incursions fréquentes du religieux et de l'idéologique dans la sphère scientifique — darwinien convaincu, il aurait été horrifié par le surgissement actuel de l'*intelligent design* aux USA, tout comme il était consterné par le scientisme… Par ailleurs, pour Heuvelmans, la science, en progression indéfinie, constituée par définition de vérités provisoires et révisables, ne devrait tolérer en son sein quelques dogmes que ce soient, ceux-ci n'étant que des transpositions évidentes et pénibles de la pensée autoritaire et des structures de pouvoir hérités des religions dogmatiques. L'on voit qu'il est en cela fort proche de la vision sociologique critique de la science que l'on peut trouver chez Charles Fort.

Au final, son adhésion personnelle à la philosophie bouddhiste se concilie avec la façon dont il envisage la démarche scientifique, rigoureuse et ouverte, car le Bouddhisme est un système métaphysique non dogmatique : son insistance sur le fait d'éprouver par soi-même les vérités philosophiques et son absence d'hostilité à l'égard des sciences, ne pouvaient que l'attirer. « Le Bouddhisme, dit-on, considère la stupidité comme un péché capital. Ceci […] entre mille [choses] le distingue certainement du Christianisme médiéval », écrit-il déjà à propos de l'histoire de l'Atomisme dans son ouvrage consacré à la Physique Nucléaire (1945, p. 22).

Un biologiste aux curiosités multiples

Bernard Heuvelmans, de par sa formation principale, est un naturaliste et un biologiste des organismes. Plus précisément, c'est, comme en témoigne une thèse de Doctorat ès Sciences novatrice, un morphologiste et un spécialiste d'Anatomie Comparée, grand expert de la dentition des mammifères — les dents constituant une caractéristique-clé pour classer les représentants de ce groupe zoologique. Jean-Jacques Barloy a narré plus haut comment, jeune homme encore, Heuvelmans s'est fait un « nom scientifique » en élevant l'oryctérope africain, le « cochon de terre » des Boers, au rang d'unique représentant actuel d'un ordre créé pour lui, celui des tubulidentés.

En tant qu'anatomiste évolutionniste, il s'est toute sa vie intéressé aux vertébrés dans leur ensemble, et très logiquement à l'évolution des primates en général, et à celle de l'Homme en particulier : là encore, l'on se souviendra que ses « thèses complémentaires » étaient consacrées d'une part au caractère « indifférencié », peu spécialisé évolutivement, de l'anatomie d'*Homo sapiens*, d'autre part aux filiations distinctes des singes anthropoïdes d'Afrique et d'Asie… Et l'on notera surtout que ces hypothèses scientifiques, ultra-minoritaires en 1939, gagnent de plus en plus de partisans de nos jours : les recherches sur l'ancienneté de la bipédie chez les hominidés et les anthropomorphes connaissent un renouveau, et nombreux sont les paléontologues ou les biologistes moléculaires dont les conclusions actuelles tendent à dissocier l'orang-outan des grands singes africains.

Le bagage scientifique qu'il avait acquis lui permettant de ne pas se limiter à la seule « Néozoologie », la zoologie des espèces vivant actuellement, Heuvelmans a pu ainsi son existence durant entretenir une fréquentation soutenue de champs comme ceux de la Paléontologie et de l'Anthropologie Biologique : en témoignent l'influence ou l'intérêt qu'ont suscité ses travaux auprès de personnalités scientifiques telles qu'Eric Buffetaut, Léonard Ginsburg, Claude Guérin et Yves Coppens, ou dans une moindre mesure, Pascal Tassy et Philippe Janvier.

Plus encore, contrairement à certains naturalistes de sa génération, qui se définissaient plus spontanément comme « zoologues » ou « botanistes » que comme « biologistes », le fondateur de la Cryptozoologie a toujours maintenu un intérêt marqué pour la Biologie Générale, la Génétique et la Physiologie. Son gros ouvrage de 1951 (plus de 500 pages !), consacré à la Gérontologie (intérêt partagé avec un autre mammalogiste de premier plan, son contemporain, François Bourlière) et à la « Thanatologie » avant la lettre, le manifeste éloquemment : bien sûr, beaucoup des faits et des théories évoqués dans ce livre sont obsolètes aux yeux de la science d'aujourd'hui, qui nous parlera plutôt du rôle des « radicaux libres » dans le vieillissement, ou évoquera encore la « mort cellulaire programmée » (l'« apoptose »)… Mais il n'empêche : si ce travail a moins vieilli que d'autres de la même époque sur des sujets identiques (je songe entre autres à ceux de Jean Rostand), c'est bien à cause de l'approche comparatiste d'Histoire Naturelle qui le sous-tend. Tout au long de l'ouvrage, des illustrations biologiques variées, tirées de la Microbiologie, de la Physiologie Végétale, de l'univers des Invertébrés comme de l'Herpétologie ou de l'Ornithologie, viennent mettre en valeur les problématiques scientifiques de la sénescence et de la mort sans se restreindre à la seule Biologie de l'Homme et des mammifères.

Mais je pense qu'au final, l'approche de la Zoologie dont Heuvelmans, parvenu à maturité scientifique, se sentait le plus proche était celle de l'Ethologie (cette fascination pour la perspective éthologique était sans nul doute teintée de regrets, car l'Ethologie n'était à proprement parler pas enseignée dans l'Université de sa jeunesse…). Ses liens intellectuels avec de nombreux éthologues en témoignent d'ailleurs : si son amitié avec Rémy Chauvin est bien connue, l'on sait moins le respect scientifique que voue à son œuvre Frans De Waal, l'éminent spécialiste hollandais des bonobos… Avant toutes choses, observateur hors-pair intéressé par tout ce qui a trait à l'apprivoisement des bêtes sauvages à des fins d'étude, Bernard Heuvelmans est en communion intellectuelle avec l'*approche compréhensive* de l'Ethologie (**comprendre le « pourquoi » du comportement** d'une espèce animale en situation), approche qui implique une forme d'empathie avec son « objet » d'étude, bien en accord avec son éthique bouddhiste. Les observations pionnières qu'il a réalisées sur quantité d'animaux (des insectes aux « vertébrés supérieurs » en passant par les poissons) sont notables, tant par leur quantité que par leur qualité. Je ne citerai ici que deux exemples, relatifs à la Primatologie : l'affirmation dès les années 1950 que le chimpanzé a un mode alimentaire épisodiquement carnivore, ce qui a été confirmé ultérieurement par Jane Goodall et ses successeurs ; l'insistance sur l'existence de comportements d'auto-thérapie chez les singes — et d'autres mammifères — dès 1965 (dans le numéro d'avril de la revue *Atlas*) alors qu'il a fallu attendre 1992 pour que ce fait fût unanimement admis (l'on en est maintenant à recenser la pharmacopée végétale des grands singes !).

Entre Jazz et Zoologie, Nature et Culture

Chez une personnalité intellectuelle aussi multiple *et* soucieuse de cohérence que l'était Heuvelmans, des liens entre ce que fut sa « période Jazz », transitoire, et la phase cryptozoologique qui lui succéda définitivement peuvent être mis à jour.
Le Jazz, pratiqué, vécu, dont le naturaliste bruxellois a assimilé le mode de vie et la vision du monde, et fréquenté certains des représentants les plus éminents (dont Coleman Hawkins, le sublime saxophoniste de *Body and Soul…*) c'est à la fois l'apprentissage de la culture de l'Autre et l'ouverture à l'Afrique — qui tiendra une place si importante dans ses livres de Cryptozoologie… Si les métaphores organicistes à propos de l'évolution de la musique noire des Etats-Unis abondent dans *De la Bamboula au Be Bop*, c'est surtout une approche d'inspiration anthropologique, ethnomusicologique, qui prédomine dans cet essai : comprendre le contexte de culture afro-américaine dans lequel le Jazz a pu éclore, discerner l'héritage culturel africain encore présent au cœur de la *Black Metropolis…*
Cette ouverture aux « cultures autres » va être fondamentale pour la genèse de la Cryptozoologie, en complément des connaissances zoologiques encyclopédiques détenues par notre naturaliste. Répudiant l'« ethnocentrisme » encore si répandu dans les cercles intellectuels et scientifiques de l'après-seconde guerre mondiale, Heuvelmans va être réceptif non seulement aux formes d'art produites par des cultures minoritaires ou extra-occidentales, mais aussi aux savoirs naturalistes populaires ou émanant d'ethnies « exotiques ». Cette ouverture aux « ethnosavoirs » est aussi celle de l'« Ethnoscience » américaine de l'époque, courant de l'Ethnologie qui s'intéresse beaucoup à la connaissance qu'ont les sociétés traditionnelles de la faune et de la flore de leur terroir.
Ce faisant, Bernard Heuvelmans renoue avec l'intérêt que les naturalistes du 18ème siècle éprouvaient encore pour l'Histoire Naturelle populaire : des scientifiques aussi éminents qu'Humboldt (une des « idoles de jeunesse » de Bernard) considéraient alors que beaucoup de croyances légendaires concernant la Nature pouvaient posséder un fondement réel que l'esprit éclairé devait s'essayer à dégager…

La Cryptozoologie comme Ethnozoologie

De fait, l'on peut considérer la Cryptozoologie comme une forme particulière d'Ethnozoologie, qui touche aussi bien à la question des ethnosavoirs zoologiques très précis possédés par certaines populations, mais négligés jusque là par la science occidentale ; ou à celle du rapport fantasmatique qu'entretient l'Homme au monde animal, qui s'exprime par la production culturelle de créatures mythologiques. Dans cette optique, le champ d'investigation de la Cryptozoologie se situe à l'intersection de l'inventaire de la biodiversité sur la base de connaissances autochtones, et de l'appréhension savante de la mythologie zoologique.

Certains cas d'animaux plus ou moins « mythiques » se répartissent clairement sur un pôle ou l'autre. Ainsi, les exemples suivants, succès incontestables de la Cryptozoologie d'aujourd'hui, relèvent de l'enrichissement de notre savoir zoologique tel qu'il est permis par la prise en compte raisonnée des connaissances populaires :

La découverte au Vietnam durant les années 1990, par John Mackinnon et son équipe de plusieurs ongulés de grande taille : des muntjacs (« cerfs aboyeurs ») et un grand caprin sauvage, le désormais fameux *saola*.
La description en 1998, à une dizaine de milliers de kilomètres de l'aire africaine et comorienne de répartition de *Latimeria chalumnae*, d'une nouvelle espèce indonésienne de coelacanthe, à Célèbes, par le spécialiste de Biologie Marine Mark Erdmann.
La description en Amazonie brésilienne depuis le début des années 2000 par le naturaliste néerlandais Marc Van Roosmalen de plusieurs grands mammifères (dont un pécari nouveau).
Ces découvertes ont toutes été effectuées en suivant la « procédure cryptozoologique canonique » définie par Heuvelmans, collecte de témoignages de première main recoupés et d'indices matériels, définition progressive des zones de répartition les plus importantes, puis obtention d'un spécimen (vif, de préférence).
A l'inverse, nul naturaliste de formation n'arrivera à croire à l'existence « en chair et en os » du *chupacabras*, créature protéiforme et au comportement de goule, signalée en Amérique latine, et au sein de la diaspora *hispanic* des USA : ici l'hypothèse de la pure « créature culturelle » semble s'imposer.

Si la démarche cryptozoologique, bien appliquée, s'avère scientifiquement féconde, et suscite des trouvailles spectaculaires de nouvelles formes animales, parfois mythifiées, tandis qu'elle discrédite certains animaux chimériques, tout n'est pas toujours si simple. Des créatures comme les « monstres lacustres » ou le Bigfoot nord-américain demeurent pour l'instant « en purgatoire épistémologique », sans qu'on ait pu réellement trancher si elles relevaient des classifications des zoologues ou de celles des folkloristes.

Ces « grandes affaires de monstres » posent plus que jamais un défi aux cryptozoologues d'aujourd'hui. Les canulars — minoritaires — mis à part, il est difficile de douter du fait que les témoins ont bien vu « quelque chose » : mais quoi ? Il ne faut pas négliger le fait que la perception d'objets naturels (fussent-ils des phénomènes physiques ou des créatures biologiques déjà cataloguées) peut être modulée par les attentes et représentations culturelles des témoins (d'autant plus qu'à l'heure du *web*, en quelques clics de souris, le sherpa népalais ou le marin canadien peuvent consulter une documentation sur les yétis et autres « serpents de mer » à laquelle les témoins d'antan n'avaient pas accès). Cette dimension des expériences testimoniales vécues a été bien analysée par Michel Meurger, d'un point de vue historique et ethnographique, dans ses livres consacrés aux « dragons suisses » d'autrefois et aux monstres actuels des lacs du Canada. Elle n'oblitère nullement l'aspect biologique des problèmes cryptozoologiques. Bien au contraire, de tels travaux doivent nous inciter, dans la continuité de la démarche heuvelmansienne, à articuler encore plus finement le Culturel et le Naturel en un abord renouvelé des énigmes cryptozoologiques.

ANNEXES

ANNEXE I

JOURNAUX ET REVUES AUXQUELS BERNARD HEUVELMANS A COLLABORÉ :

Cette liste est certainement incomplète. Il faut y ajouter les nombreuses publications auxquelles il a donné des entretiens.

Abstracta (Rome)
Ami des bêtes (*L'*)
Atlas
Aventure sous-marine (*L'*)
Bataille (*La*)
Bulletin du Musée Royal d'Histoire Naturelle de Belgique (puis *de l'Institut Royal des Sciences Naturelles*)
Cahiers du CERLI (Centre d'Etudes et de Recherches des Littératures de l'Imaginaire)
Caliban
Cassandre
Cette Semaine
Constellation
Criptozoologia
Cryptozoologia
Cryptozoology
Detski Mir (Moscou)
Dimanche Matin
Don Quichotte
Enquêtes
Europe-Amérique
Excelsior (Mexico)
Figaro (*Le*)
Fortean Times
Heroic-Albums
Horizons
Horizons du Fantastique
ISC Newsletter (*The*)
Kuisje (Bruxelles)

Lebendiges Wissen
Marche du Monde (*La*)
Music
Pan
Panorama (Bâle)
Patriote illustré (*Le*)
Personality (Johannesburg)
Planète
Recherche (*La*)
Revue d'Histoire des Sciences (*La*)
Revue naturiste (*La*)
Risque-tout
Sandorama
Sciences et Avenir
Signos (La Havane)
Soir (*Le*)
Strange Magazine
Tout (Anvers)
Tout Savoir
Troisième Millénaire
Vie des Bêtes (*La*)
Voilà
Zetetic (The) (Ann Harbor, Michigan, USA)

ANNEXE II

ESPÈCES NOMMÉES SCIENTIFIQUEMENT PAR BERNARD HEUVELMANS :

— Le Yéti de l'Himalaya :

> *Dinanthropoides nivalis* (d'abord appelé *Dinopithecus nivalis*)

> qu'il remplacera par *Yetipithecus himalayensis* tandis qu'il appellera le grand Yéti *Megalopithecus asiaticus*.

— Les Serpents-de-mer :

> 1) Cétacés :

>> — La Super-loutre, *Hyperhydra egedei*
>> — Le Multibosse, *Plurigibbosus novaeangliae*
>> — Le Multiaileron, *Cetioscolopendra aeliani*

> 2) Pinnipèdes :

>> — Le Cheval marin, *Halshippus olaimagni*
>> — Le Long cou ou Otarie à long cou, *Megalotaria longicollis*
>> (également monstre lacustre de type Loch Ness)

— L'Homme pongoïde, *Homo pongoides* (Néanderthalien survivant en Asie)
— Le Lion tacheté du Kenya (sous-espèce), *Panthera leo maculatus*
— Le Chat sauvage de l'Ile du Levant (sous-espèce), *Felis silvestris* (ou *libyca*) *levantina*
— Le Chimpanzé de l'Angola (sous-espèce), *Pan troglodytes tysoni*
— Le Chat à pieds noirs d'Afrique du sud, *Felis kakikaanus* (proposition pour remplacer *Felis nigripes*)

ESPÈCE DÉDIÉE À BERNARD HEUVELMANS :

— La Blennie de Heuvelmans, *Lipophrys heuvelmansi* (petit poisson du littoral de Croatie)

ANNEXE III

Article de *Voilà*, juillet 1944, consacré à Bernard Heuvelmans

586   VOILA

BERNARD HEUVELMANS
HUMANISTE SCIENTIFIQUE

Voici donc Bernard Heuvelmans, personnage complexe, drapé dans une précieuse robe de chambre de châle des Indes. Je le trouve entouré de livres, de bibelots rares, de gravures exotiques, imposant à tout ce qui l'entoure son goût particulier de la riche arabesque. Des yeux verts et profonds éclairent son visage à la fois sensuel et ascétique d'Oriental. Sans qu'il y entre de mise en scène délibérée, dans ce décor où évolue par bonds silencieux une petite chatte siamoise, il évoque un peu l'image de quelque demi-dieu égyptien venu en Europe incognito.

Heuvelmans est très jeune encore, il n'a pas trente ans, chose étonnante pour qui ne connaît de lui que ses chroniques, nourries d'une multiple érudition, et chose plus étonnante encore chez l'apôtre d'un humanisme scientifique avant tout fondé sur l'équilibre. Car l'amour d'une juste mesure n'est guère le fait de la jeunesse.

La conversation commence à bâtons rompus. Comme je lui demande quelques détails biographiques, tout d'abord il me cite ce mot de Frédéric Joliot-Curie : « Le chercheur est curieux et aime l'aventure », il n'est pas d'amour plus légitime ni, chez un véritable homme de science, plus durable. Aussi, en dehors de ses travaux d'étudiant, notre humaniste fut-il tour à tour acteur, conférencier, dessinateur, journaliste, chanteur de jazz (n'est-ce pas lui qui découvrit la voix de notre vedette Martha Love et la marqua de son style si particulier), chef d'orchestre; il écrivit des articles de critique littéraire et cinématographique, il fut surtout biologiste.

L'enfant biologiste se signale en créant [illegible] une véritable arche de Noé. Les [illegible] Heuvelmans eurent ainsi la joie de cohabiter avec des insectes, des lézards, des salamandres, des grenouilles, des souris et des rats, un hérisson, un martinet, des poissons, un chien, un chat et quelques singes.

! ! !

Le jeune biologiste poursuit sa carrière en présentant et en passant des examens. Bernard Heuvelmans y réussit fort brillamment. Sa thèse de doctorat sur la dentition des Ongulés aberrants lui vaudra d'ailleurs d'être choisi pour la rédaction du chapitre ayant trait aux Oryctéropes dans le monumental « traité » de zoologie auquel collaborent en France, sous l'égide du professeur Grassé, un quarteron d'éminents spécialistes.

Vient le service militaire au terme duquel Heuvelmans doit partir en Amérique du Sud comme collaborateur scientifique du marquis de Wavrin, dont on connaît les films « Au pays du scalp » notamment. Il s'agit d'explorer cette partie de pays grande comme la France et encore inconnue, située entre le Brésil et le Véné-

zuéla, en remontant l'Orénoque jusqu'à ses sources. La guerre survient, hélas ! ruinant cette occasion si rare pour un jeune biologiste. De la bataille de la Lys, Heuvelmans revient à Bruxelles. Et lui qui rêvait d'aventures et de voyages, le voilà prisonnier d'un lambeau de continent. Il se replie alors sur lui-même, et c'est l'univers tout entier qu'il s'astreint, par désir d'évasion, à péniblement explorer, accumulant de jour en jour une documentation philosophique et scientifique sans cesse plus riche. C'est alors que l'hebdomadaire « Cassandre » lui propose une chronique scientifique bi-mensuelle (Regards sur la Science) qu'il abandonnera plus tard pour une autre plus régulière et destinée à un public plus vaste au journal « Le Soir ». Il l'intitula « Chronique de l'Humanisme scientifique ».

Il a dessein d'établir au milieu du déchaînement de la guerre et des passions un havre de paix et de lucidité. L'esprit scientifique, l'esprit philosophique sont sourds et se doivent de le rester au fracas des armes. Il fallait aux sages de Byzance une singulière force d'âme pour disputer du sexe des anges alors que les Turcs prenaient d'assaut la ville. Et à ceux qui leur reprochent ce détachement de l'immédiat, signe pourtant d'un parfait équilibre spirituel, Montherlant répond en s'écriant : « Et qu'eût-on voulu donc qu'ils fissent d'autre ? »

! ! !

Ainsi Heuvelmans s'est efforcé de prêcher par-dessus la bataille un évangile de paix et de non-violence. C'est pour lui une nouvelle aventure, celle de l'Esprit.

Les frères Julian et Aldous Huxley avaient jeté les bases d'une manière de « mystique de l'homme », fondée sur les données [illegible] l'humanisme scientifique est la recherche d'une éthique qui satisfasse non pas l'ange ou la bête, mais les multiples tendances qui permettent à l'homme de trouver dans sa diversité même son unité. Humanisme avant tout fait d'équilibre que notre aventurier de la science met en pratique en même temps qu'il en expose les théories. Chacun vit dans la sphère qu'il se construit à la mesure de ses propres moyens dans un univers personnel, à

l'image de son intelligence, de sa sensibilité, de ses passions. Spécialement instruit dans les sciences, Heuvelmans se refuse par un acte raisonné à borner au plan intellectuel la recherche de la connaissance. Son intelligence même, aussi bien qu'une inclination naturelle, considérant les diverses faces de la réalité, l'incite, pour les embrasser toutes, à mettre à profit les multiples dispositions qui sont en lui, sans dédaigner non plus de suivre les voies ésotériques, car l'homme doit vivre d'âme et de corps le plus intensément possible : certains gentilshommes de la Renaissance — époque entre toutes humaniste — incarnent assez bien à ce point de vue le type de l'homme idéal, d'un côté philosophes, musiciens et poètes, et en même temps bretteurs, buveurs si pas ivrognes, coureurs de femmes et de mauvais lieux, et toujours grands aventuriers. La connaissance s'acquiert par l'esprit sans doute, mais aussi par l'amour et par l'expérience mystique. Heuvelmans ne méprise ou ne néglige aucune forme d'investigation : la méditation lui est un mode indispensable de l'activité mentale; également, assuret-il, la volupté.

! ! !

Dans ce travail, un plan tout naturel s'imposait. Étudier tout d'abord les conceptions actuelles de l'architecture de l'Univers et celle de son essence ultime, puis l'anatomie de notre planète pour y étudier ensuite la naissance de la Vie, celle de l'homme au cœur de la vie, et enfin le problème si controversé de l'Esprit.

Bernard Heuvelmans entend publier les données essentielles de ce travail de mise au point dans une série d'ouvrages portant le titre général de « Dissection de l'Univers ». A cet effet, il vient de réunir [illegible] ses chroniques relatives à l'astronomie et à la cosmologie. Ce recueil constituera le premier tome de son essai de synthèse à l'usage de l'« honnête homme » du XXe siècle.

Il est plaisant de constater que l'esprit de sérénité et la curiosité intellectuelle sont assez répandus pour que notre humaniste puisse nous montrer des milliers de lettres de lecteurs de nationalités diverses — des médecins, des fous, des savants, des hommes de lettres ou d'église, des professeurs d'université et des généraux, beaucoup de prisonniers belges et français, des commerçants, des ouvriers même — lui exprimant leur sympathie.

Et la conversation continue, unissant par des bonds inattendus, mais solides, les domaines les plus éloignés et révélant ainsi l'unité profonde cachée sous une apparente diversité, toujours marquée de ce singulier alliage d'humour et d'élévation de pensée qui caractérise les écrits de Bernard Heuvelmans et en fait à la fois le charme et le succès.

RÉDACTION, ADMINISTRATION ET PUBLICITÉ :	ABONNEMENTS :			TÉLÉPHONE : 17.10.46
13 RUE DES SABLES, BRUXELLES	UN AN : 85 FRANCS	SIX MOIS : 45 FRANCS	TROIS MOIS : 25 FRANCS	C.C.P. : 7139.66 — Les manuscrits, insérés ou non, ne sont pas rendus.

ANNEXE IV

Extraits de la fameuse lettre du 18 décembre 1968 envoyée à Alika Lindbergh au moment même de l'examen du spécimen et les 2 courriers adressés par Bernard Heuvelmans à Jean-Jacques Barloy sur l'homme pongoïde en 1969 et 1970.

4 h 30 de l'après-midi

Je viens d'aller examiner le fameux homme velu, et je dois dire que je reviens très impressionné par ce que j'ai vu. Le bonhomme qui l'exhibe sur les champs de foire, Frank Hansen, n'essaie nullement de faire croire que son spécimen est authentique. Il le présente comme un mystère et admet que ce peut-être une fabrication orientale. Toutefois il ne veut pas le faire authentifier ou "dégonfler" provisoirement, étant donné l'argent qu'il a mis dans l'affaire : l'achat de la pièce et son transport depuis la Chine. Mais dans un an il est tout prêt. Une fois rentré dans ses fonds et ayant amassé suffisamment d'argent, à laisser radiographier la pièce, analyser le sang, etc. Il ne veut rien faire auparavant, afin de pouvoir en âme et conscience le présenter comme une énigme. Tout cela semble parfaitement logique. ▓▓▓ Dans un an, l'être commencera à vraiment se dégeler ni [...] d'être exhibé et devra être sacrifié".

L'être est couché dans une sorte de large cercueil d'environ 1 m X 2 m, réfrigéré latéralement, et recouvert d'une vitre, sur laquelle les visiteurs peuvent se pencher. Il est inclus dans la glace, et celle-ci a été enlevée ▮▮▮▮ jusqu'à assez près de la peau, mais à certains endroits la glace est cristallisée et peu translucide.

L'être est aussi velu qu'un gorille mais a des proportions tout à fait humaines. Les pieds sont humains (pas de gros orteil opposable) mais les orteils sont tous énormes, ainsi que les doigts, aussi gros que ceux d'un jeune gorille. Ils sont tous garnis d'ongles (pas de griffes). La peau est extrêmement claire : elle a exactement la couleur cireuse d'un cadavre d'homme blanc. Les poils sont brun foncé, noirâtres, et généralement longs de 7 à 8 cm. Ils sont plus rares sur la poitrine et presque absents sur la face. La tête est difficile à distinguer à cause de l'opacité de la glace. Le crâne a été défoncé, et on voit du sang, très frais d'apparence à l'arrière du crâne. Les yeux ont été arrachés, l'un d'eux ~~semble~~ pendre hors de l'orbite (celui de droite, à gauche ci-dessus) Le bras ~~gauche~~ est étrangement arrondi, mais cela s'explique car il est cassé et l'os ressort tout en haut de mon dessin. On dirait que l'homme est tombé sur la tête (du haut d'une falaise) et a tenté de se protéger du bras gauche qui ▮▮▮▮▮▮▮▮▮▮▮ (?) ~~on imagine~~ qu'il est ~~tombé dans~~ l'eau peu profonde, laquelle a gelé ensuite (▮▮▮ l'intervalle, peut-être les crevettes ou les crabes ont mangé les yeux), et que le bloc de glace a ensuite été emporté par les flots.

On ne distingue hélas ! pas les traits, le visage étant ce qu'il y a de plus enfoncé dans la glace : on voit vaguement la bouche sous forme d'une ombre rectiligne et les narines sous forme de deux taches noires.

Le tout est extrêmement impressionnant, comme tu peux l'imaginer. Pour moi, il pourrait bien s'agir d'un Néanderthalien, tué, je pense, récemment, car il a l'air d'une extrême fraîcheur. J'essaie d'imaginer comment la chose pourrait avoir été truquée, et je n'arrive pas à comprendre comment. Tout paraît se tenir parfaitement. Et le fait des blessures ne fait qu'accroître la vraisemblance de toute l'histoire. Il me semble que si l'on avait voulu ~~fabriquer~~ un beau spécimen de "monstre", on n'aurait pas cherché à le mutiler ou à le défigurer : cela n'ajoute pas d'horreur. Il faut le préciser.

à Monsieur J.T. Bailey, D.Sc.

Paris (16e)

Paris (6e), 11, rue Servandoni
Le 4 juin 1969

Cher Monsieur,

Rentré du Guatémala, après un voyage de 7 mois à travers les Amériques (du Nord et Centrale), je viens seulement de trouver votre lettre du 6 mars.

Je ne saurais assez vous dire ma reconnaissance pour avoir introduit la Cryptozoologie dans l'Encyclopédie Quillet, ainsi que le pauvre Rafinesque. Soit dit par parenthèse n'oubliez pas d'exiger des tirets dans le mot Serpent-de-mer qui doit être utilisé, pour éviter toute équivoque, comme un nom composé. J'estime qu'Il faut généraliser cet usage pour tous les noms se rapportant à des animaux qui ne sont pas ... leur nom implique : chauve-souris, lion-de-mer, etc. (homme-des-neiges !)

Je ne sais si vous avez appris par la presse la découverte fantastique que j'ai faite aux États-Unis : celle d'un homme-singe authentique que j'ai examiné, étudié pendant 11 heures et photographié, et sur lequel j'ai publié une note scientifique dont je vais vous faire adresser un tiré-à-part (je n'ai pas pu le faire plutôt n'ayant pas votre adresse dans mon agenda, emporté en voyage).

Il reste encore bien des points à éclaircir sur ce spécimen (1) — son origine certaine (Il aurait été acquis à Hong Kong), son identité exacte (je penche pour le Néanderthalien, hypothèse la plus plausible, mais le Pithécanthrope n'est pas exclu, ni bien sûr l'Hominidé tout à fait inconnu, dont nous n'aurions pas de restes fossiles), et la façon dont Il a été introduit aux U.S.A. Mais pour l'instant le spécimen a disparu, enlevé par ceux qui l'ont vraisemblablement assassiné, et ce malgré l'aide de la Smithsonian Institution, du F.B.I, des enquêteurs du Service des douanes américain, etc. etc. La vérité est que toutes les tentatives faites pour saisir le spécimen ont été faites, je crois, sans grande conviction par les autorités américaines. En vérité, je me heurte partout à une crédulité butée. C'est désespérant, car Il s'agit. Il faut bien le dire - de la découverte anthropologique la plus importante de tous les temps. Je déteste dire cela, car cela semble être dit par vantardise, mais je vous assure qu'il n'en est rien. Je suis bien plus fier d'avoir écrit le Grand Serpent-de-mer dont se dégage une méthodologie (celle qui m'a permis de découvrir cet Homo pongoïdes, comme je l'ai appelé) que d'avoir fait cette découverte, qui n'est qu'une preuve de l'excellence de ma méthode. Mais il est indispensable de souligner l'importance de cette découverte, qu'on est hélas ! en train d'enterrer, par pure incrédulité, par peur aussi, aux U.S.A, des conséquences philosophiques et religieuses qu'impliquer la survivance d'un homme (incontestable) ayant de nombreux traits simiens et vivant (selon les rapports soviétiques) comme un animal.

(1) Je suis formel quant à son authenticité / On lui a substitué à présent un modèle à caoutchouc et cire.

Je serais très heureux à l'occasion de voir les articles que vous me signalez, et surtout celui du *Monde* qu'on m'a signalé d'autre part.

Je pars dans quelques jours dans le Midi, à l'accoutumée, pour y travailler en paix, notamment à une nouvelle note scientifique plus détaillée sur mon *Homo pongoides*, mais j'espère avoir l'occasion de vous revoir à mon retour en octobre.

Croyez, cher Monsieur, à toute ma gratitude et à mon dévouement sympathique,

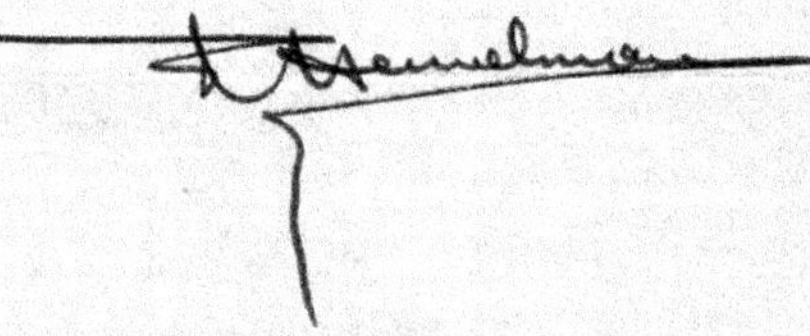

Sand, le 8 avril 1970

Cher Monsieur,

J'ai bien reçu votre aimable lettre du 29 mars et vous en remercie. Inutile de dire que je suis enchanté d'apprendre que votre article sur l'H. pongoïdes ait paru dans l'Encyclopédie Quillet, d'autant plus enchanté qu'il paraît actuellement de bon ton de répéter qu'il ne s'agissait que d'une mystification !

En fait vous êtes un des rares scientifiques qui ait eu le courage de me soutenir publiquement dans cette affaire, et je vous en suis très reconnaissant. Cela vous aura valu, je le suppose, quelques sarcasmes et même des insultes, mais vos mérites seront reconnus quand toute la vérité éclatera.

Depuis un an, j'ai travaillé inlassablement le problème, tirant de mes nombreuses photos toutes les informations qu'on pouvait en tirer. J'ai maintenant la conviction absolue qu'il s'agit bien d'un Néanderthalien : cela ressort de l'étude de maints détails anatomiques non seulement la longueur antéro-postérieure de la tête que je suis arrivé à mesurer, mais la forme du nez, et le degré de torsion du pouce (plus faiblement opposable que chez l'*H. sapiens*). Tout cela sera développé dans une nouvelle note que je prépare en ce moment pour le Bulletin de l'*Inst. roy. des Sc. nat. de Belgique*. J'aimerais, quand je rentrerai à Paris, vous montrer les résultats de mes travaux, et je serais ravi si vous acceptiez de les diffuser en France pour un public étendu (? *Sciences et Avenir*. ? *Le Monde*, etc.)

     Peut-on vous téléphoner ? Je n'ai de vous que votre adresse. Je serai sans doute rentré à Paris vers la fin de ce mois ou en mai.

        Votre fidèlement dévoué,

        Dr Bernard Heuvelmans
        Château de Sand
        67. Sand

ANNEXE V

UN LIVRE IMPORTANT

LA VIE FANTASTIQUE DES ANIMAUX

par Maurice Burton (Plon)
Première parution dans *Planète* n°1, oct./nov. 1961)

Il y aurait aussi un livre à écrire sur la *Vie fantasque des zoologistes*. Dans l'Antiquité, que d'histoires invraisemblables ils nous ont contées sur les mœurs des animaux ! Aristote croyait que certains oiseaux hibernent comme les loirs, et que les dauphins se lient parfois d'amitié avec des enfants (Ovide devait même chanter les secours qu'ils portent aux naufragés !) Pline prétendait que les hérissons récoltent des provisions pour l'hiver en se roulant sur les fruits tombés, qui se fichent ainsi sur leurs piquants. Quant à Elien, il disait qu'il arrive au renard de pêcher des poissons en plongeant sa queue dans l'eau comme une ligne.

Les faiseurs de Bestiaires ont répété toutes ces fables au Moyen Age, en les agrémentant de détails merveilleux rapportés par les voyageurs revenus des pays au-delà des monts et des océans, et ils les déformèrent surtout à des fins morales. Plus près de nous, La Fontaine rima encore des choses édifiantes, d'ailleurs inspirées des légendes anciennes, sur la grenouille qui veut se faire aussi grosse que le bœuf et les deux rats qui combinent ingénieusement leurs efforts pour transporter un œuf.

Quand les zoologistes du XIXe siècle furent gavés d'observations personnelles et de l'expérience de naturalistes itinérants dûment accrédités, ils balayèrent avec dédain ces « balivernes absurdes » dont ils ne trouvaient pas confirmation. Ils taxèrent d'« anthropomorphismes naïfs » les anecdotes relatives à des bêtes qui organisent des jeux par pur plaisir, livrent des batailles rangées, sauvent leurs compagnons blessés et inventent des ruses diaboliques pour capturer leurs proies ou déjouer les entreprises de leurs ennemis. Ils se gaussent bien entendu des animaux médecins, de ceux qui pratiquent l'euthanasie ou l'eugénisme, ou encore de ceux qui enterrent cérémonieusement leurs morts.

Enfin, le Dr Burton vint. Il a reconsidéré toutes les légendes ci-dessus, et bien d'autres. D'un œil sans préjugés, il a tenté de les éclairer à la lumière de nos connaissances les plus poussées et de témoignages récents ; il a discuté et soupesé ce qui, en elles, est possible ou non, et voilà qu'il nous démontre en fin de compte qu'elles ont manifestement été fondées à l'origine sur l'observation de comportement exceptionnels ou, par nature, difficiles à surprendre. Même les remèdes que la pharmacopée médiévale empruntait aux animaux — sirop de limaces, corne de rhinocéros pilée ou élixir au bois de cerf — finissent, à la lueur de ses analyses, par trouver grâce à nos yeux.

Est-ce à dire que l'auteur réhabilite indistinctement *toutes* les vieilles légendes animales ? Certes non, mais s'il dégonfle par exemple celle de l'hyène qui change de sexe à volonté, celles des cimetières d'éléphants, de l'autruche qui se cache la tête dans le sable et de la musaraigne qui meurt de frayeur en croisant une piste humaine, il montre néanmoins qu'elles sont nées de l'interprétation défectueuse d'observations parfaitement valables. Pas de fumée sans feu.

Une des règles de l'esprit scientifique devrait être de ne jamais se montrer méprisant ou condescendant pour les témoignages ou les traditions des Anciens ou des Primitifs. Un jour, d'ailleurs, nous serons les Anciens et les Primitifs pour ceux qui viendront après nous...

Anticipant sur les jugements du futur, le Dr Burton dénonce dès à présent ce qu'il appelle des « légendes savantes », des affirmations péremptoires figurant dans la plupart de nos manuels modernes et qui sont en réalité aussi fausses que les fables les moins fondées de l'Antiquité. Citons entre autres : « pour traverser le désert, le chameau emmagasine une réserve d'eau dans son estomac », « le caméléon emprunte par mimétisme la couleur de son substrat », « le crabe des cocotiers vole et brise les noix de coco pour en manger le contenu », « les perce-oreilles ne pénètrent jamais, comme leur nom pourrait le faire croire, dans l'oreille des gens endormis » ou « l'hybridation du chien et du renard est tout à fait impossible ».

Bien que certaines de ces assertions soient tout simplement des croyances anciennes que la Science moderne a entérinées de confiance, d'autres ne sont que la négation sans autre forme de procès de croyances non moins anciennes. Il ne convient pas plus d'accepter ce qui paraît vraisemblable que de nier ce qui ne l'est point. Tout est à revoir, à vérifier sans jugements préconçus.

Ce que j'ai tenté de faire dans *Sur la Piste de Bêtes ignorées* pour les animaux encore inconnus de la science, ces hors-la-loi de la zoologie, le Dr Burton l'a fait, en somme, pour les comportements fantastiques et incroyables des animaux connus. Nous sommes à présent quelques-uns dans le monde à travailler la main dans la main, dans un même esprit . outre le Dr Maurice Burton de Londres, je pense entre autres à mes amis Ivan T. Sanderson, de New York, et au professeur Boris Porchnev, de Moscou. Une « Nouvelle Vague » de la Zoologie et de l'Anthropologie est en marche.

On en est un peu là, à présent, dans toutes les disciplines des connaissances humaines : le fantastique d'hier devient la vérité scientifique de demain. La Réalité dépasse la science-fiction. Ceci dit, n'en prenons pas prétexte pour sombrer dans une crédulité naïve. Ce n'est pas parce que les pontifes scientifiques du XIXe siècle ont nié tout ce qui n'est pas immédiatement vérifiable par l'expérience, qu'il faut maintenant avaler pêle-mêle, avec les découvertes des chercheurs géniaux, les élucubrations de tous les fous, les illuminés ou les mystificateurs. Ceux qui enquêtent aux frontières mouvantes et bourbeuses du Connu et de l'Inconnu doivent montrer plus de rigueur et de sévérité que ceux qui ratissent avec une infinie patience les chemins battus de la science.

Bernard Heuvelmans, docteur ès sciences zoologiques.

ANNEXE VI

PEINTURE

L'EXPOSITION ALIKA LINDBERGH
OU LE RÉALISME ONIRIQUE

(Première parution dans *Le nouveau Planète* n°14, jan./fév. 1970)

L'exposition Alika Lindbergh, à la Galerie Jacques-Henry Perrin [*], fut l'occasion de nous retremper dans ce que Bernard Heuvelmans nomme le réalisme onirique.

« Dans les toiles d'Alika Lindbergh, on pénètre d'emblée, ébloui, envoûté, en connivence, ravi. Ou alors on les fuit, saisi de malaise ou d'angoisse, comme si elles nous ouvraient la porte d'un monde intérieur dramatique sur lequel des résistances psychiques nous poussent à laisser tomber un épais rideau noir. Ces toiles sont comme des hublots ouverts sur un monde panthéiste, miraculeusement unitaire, où les frontières entre les règnes naturels, et même surnaturels, ont été abolies, univers peuplés de démons séduisants, de divinités animales et de monstres amicaux : femmes-félins ou femmes-tarsiers ; hommes-végétaux noueux et ramifiés, et dieux de pierre.

Mais comment s'étonnerait-on de ces hybridations variées, puisque çà et là, dans les espaces internébulaires ou sous le dais mouvant des vagues, ou encore dans l'entrelacs des racines lascives, à l'abri de toiles d'araignées piquées de larmes, les êtres les plus disparates s'enlacent, s'étreignent et s'aiment ? » (Bernard Heuvelmans)

(*) Du 10 décembre 1969 au 10 janvier 1970 : 73, rue du Cherche-Midi, Paris 6e.

ANNEXE VII

LES MONSTRES OU LA MÉTAMORPHOSE DES ANIMAUX INCONNUS EN BÊTES FABULEUSES ET DES BÊTES FABULEUSES EN ANIMAUX CONNUS

(Première parution, dans *Les Cahiers du Cerli*, nouvelle série, n°1 (janvier 1993)

« … il ne faut jamais repousser sans examen les traditions et les légendes des peuples moins savants que nous, quelque étranges et bizarres qu'elles paraissent. En agissant ainsi sous prétexte de sévérité scientifique, on peut facilement s'égarer et laisser passer sans la reconnaître quelque importante vérité. ».

Armand de Quatrefages de Breau

« Every philosophy is tinged with the colouring of some secret imaginative background, which never emerges explicitly in its train of reasonning ».

Alfred North Whitemead

On raconte que, las de toujours voir figurer à son menu de la viande de bœuf, des côtes d'agneau et du jambon, Louis XVI implora un jour le ciel en ces termes : « Oh, Dieu, donnez-moi un nouvel animal ! ». Peut-être n'est-ce là qu'une légende, mais il est certain que pendant des siècles telle a été vraiment la prière la plus ardente de tout zoologue désireux de voir associer son nom à la découverte d'un animal inconnu, et de s'en trouver du même coup immortalisé.

La plupart des animaux sont connus localement

Quand on évoque dans nos régions la découverte d'animaux « nouveaux », c'est bien entendu façon de parler. Il faudrait dire plutôt « nouveaux pour le monde occidental » ou « inconnus de nos savants ». Les seuls animaux véritablement *nouveaux* seraient les représentants d'espèces apparues de nos jours sous l'effet de l'évolution incessante des êtres vivants. Soit dit par parenthèse, on parle souvent d'animaux « préhistoriques », mais on serait bien en peine, à la vérité, de citer une seule espèce — parmi les vertébrés du moins — qui ne fût pas préhistorique, qui serait née en somme après les débuts de l'Histoire, à savoir au cours de la dernière dizaine de millénaires…

Peu d'animaux sont vraiment *inconnus* de l'Homme. Dans chaque contrée du monde, les indigènes connaissent en général toute la faune qui participe en leur environnement. Et au sein de chaque culture, les sages ou les érudits ont toujours tenté de dresser l'inventaire le plus complet possible des animaux de la région la plus vaste possible.

La découverte d'animaux inconnus me fait penser à la question qu'on se pose souvent : « Qui a découvert l'Amérique ? Colomb ou les Vikings ? Amerigo Vespucci ou les Chinois ? Ou ne serait-ce pas les Bretons ? » A un snob des U.S.A. qui se targuait de l'ancienneté de ses origines en rappelant que ses ancêtres avaient débarqué sur le continent avec les pèlerins du *Mayflower*, l'humoriste Will Rogers qui avait du sang indien, répliqua : « Ah oui ? Eh bien, mes ancêtres à moi les attendaient sur le rivage... »

Tout est relatif. Le Tapir à croupe blanche de l'Inde, décrit en 1816 par la zoologie occidentale sous le nom scientifique de *Tapirus indicus*, figurait déjà deux millénaires auparavant dans des encyclopédies chinoises sous le nom de *Mé* et, depuis longtemps même, dans les fables japonaises sous celui de *Baku*. Son cousin d'outre-mer, le Tapir de montagne des Andes colombiennes, découvert une douzaine d'années plus tard, appartenait depuis toujours au folklore des Indiens du cru comme une sorte de fantôme velu, nommé *Pinchaque*.

Cette même année, en 1829 donc, la plus grande de toutes les raies, dont l'envergure s'élève jusqu'à six mètres, recevait enfin le nom scientifique de *Manta birostris*, alors que les pêcheurs de Panama et de l'Ecuador craignaient depuis des temps immémoriaux ce poisson cornu qu'ils appelaient le Grand Diable-de-mer.

Le Gorille, dont le monde occidental n'a voulu admettre l'existence qu'en 1847, a toujours porté un nom dans tous les idiomes d'Afrique de l'ouest et du centre, et il avait même été décrit avec soin dès le XVIIe siècle par l'aventurier Andrew Battell.

Quand, en 1850, Brian Hodgson ramena, de la région himalayenne, des peaux et des crânes d'une sorte de mouton qui semblait devoir se faire aussi gros que le bœuf, et qu'il nomma *Budorcas taxicolor*, il fit simplement connaître à l'Occident l'animal que les Mishmi de l'Assam appelaient *Takim*.

Il fallut attendre 1856 pour que fût décrit sous le nom générique d'*Architeuthis* le plus invraisemblable de tous les monstres marins, le calmar géant, dont le plus grand spécimen mesuré dépassait dix-sept mètres de longueur. Ce n'était autre que le Kraken, la bête-île du folklore scandinave, à laquelle on prêtait la fâcheuse habitude de pêcher les pêcheurs (juste retour des choses) dans leurs barques au moyen de nombreux tentacules.

C'est en 1878 que l'empire britannique apprit l'existence au Kénya d'une étonnante gazelle à cou de girafe, qui devait recevoir par la suite le nom de *Litocranius walleri*. Sur place, on l'avait toujours appelée *Gerenuk*. Dans l'Antiquité, elle avait même été figurée près du Nil sur de grossières gravures rupestres, vieilles de trois à quatre mille ans, mais aussi sur des bas-reliefs bien plus réalistes remontant au règne de Ramsès II, donc au XIIIe siècle avant J.-C.

En 1900, Sir Harry H. Johnston, alors gouverneur de l'Ouganda, révélait au monde émerveillé la survivance dans la forêt de l'Ituri, au Congo voisin, d'un ancêtre de la girafe datant du Miocène, période qui s'est étendue de −15 à −35 millions d'années de notre époque. Cela dit, l'animal était bien connu, sous le nom d'*Okapi*, des pygmées Wa-Mbuti qui, friands de sa chair, le capturaient parfois dans des fosses creusées à cette fin.

Le Paon congolais, trouvé à l'ahurissement général des ornithologues, en 1936, dans les collections du Musée du Congo belge, à Tervuren, était, lui, le gibier traditionnel que les Bakumu appelaient *Ikundu*, et les Wa-Bali, *Ngowé*.

Mais le plus célèbre des « fossiles vivants » de notre temps, le Cœlacanthe, décrit en 1939 par le professeur J.L.B. Smith, n'était pas du tout une innovation pour les pêcheurs comoriens qui l'attrapaient parfois au bout de leurs lignes. Ils l'appelaient autrefois *M'tsamboïdoï* avant de le nommer plus commodément *Kombessa*. Ils se servaient même des écailles épineuses de ce poisson à pattes, présumé disparu depuis 65 millions d'années, pour râper la chambre à air crevée de leurs pneus de bicyclette avant d'y coller une petite pièce de caoutchouc.

Le grand pécari fossile *Catagonus Wagneri*, retrouvé bien vivant au Paraguay en 1975, était communément appelé Tagua par les Indiens du Gran Chaco, qui le chassaient pour sa viande, et non certes pour ses os pétrifiés.

Peu d'animaux sont complètement inconnus ou complètement connus

En somme, on s'avise sans cesse de l'existence de nouvelles espèces animales de taille appréciable ou d'aspect frappant, un peu partout à travers le monde, mais on s'aperçoit chaque fois, après coup, qu'elles étaient familières aux gens qui vivaient à leur proximité. C'est la règle.

Les seules régions du globe où puissent vivre des êtres *totalement* inconnus sont en fait celles inhabitées par l'Homme, car inhabitables, voire impossibles (ou presque) à traverser ou même à pénétrer, à savoir de rares immensités arides, de glace, de rocailles ou de sable, quelques sommets montagneux inviolés et, bien entendu, les profondeurs océaniques.

Cela dit, aucun animal n'est non plus *complètement* connu. Du fait de l'existence secrète de ceux qui sont nocturnes, fouisseurs, désertiques ou aquatiques, voire hôtes de la vaste forêt équatoriale en partie inondée, nous ne pouvons pas savoir grand-chose de leurs mœurs. À vrai dire, il subsiste des zones d'ombre ou de sérieuses lacunes dans notre connaissance des animaux les plus faciles à observer. Même nos bêtes les plus familières gardent de leur mystère : nous ne savons pas encore sans équivoque comment le chat ronronne !

Que penser, dès lors, des animaux sur lesquels ne circulent que des rumeurs plus ou moins vagues, des témoignages épars ou des traditions immémoriales, voire de simples légendes ? Apparemment, ils restent encore à découvrir — ou ne faudrait-il pas plutôt dire « à démasquer » ? — je veux parler de ces bêtes mystérieuses dont il est parfois question, avec plus ou moins d'ironie ou de dérision, dans les médias. Les plus célèbres d'entre-elles portent des noms ridicules comme « le monstre du Loch Ness », « l'abominable Homme-des-neiges » et le Bigfoot (ou « Grand Pied ») d'Amérique du Nord. Mais, en fait, ce trio maléfique et burlesque n'est constitué que par les vedettes les plus cotées d'une foule bien plus obscure. En 1986, dans une liste de contrôle des animaux qui intéressent la cryptozoologie — la science nouvelle qui s'est donnée pour tâche de les identifier et de les classer — j'en ai dénombré 150 environ. Beaucoup, de faible taille ou d'apparence banale, doivent apparaître comme de modestes figurants, mais il en est parmi eux qui sont plus importants pour la compréhension de l'évolution de la vie que les stars les plus spectaculaires.

La principale objection qu'on oppose en général à l'existence d'animaux de cette sorte est qu'ils sont parés de trop de traits fantastiques, voire surnaturels, pour être pris au sérieux, c'est-à-dire pour être considérés comme des créatures de cher et d'os dignes de figurer dans nos catalogues zoologistes. Les savants de mentalité réaliste — peut-être *trop* réaliste, trop terre-à-terre et les folkloristes d'esprit étroit en concluent d'ordinaire que ces monstres ne sont que les produits de l'imagination débridée des hommes. Comme si les mythologies étaient l'œuvre de romanciers de science-fiction ou de littérature fantastique !

En fait, cette attitude de rejet a priori — un déboulonnage pur et simple sans autre forme de procès — trahit non seulement une ignorance de l'Histoire de la zoologie, mais aussi une méconnaissance profonde du processus de mythification qui imprègne toute notre appréhension du monde extérieur et sa reconstitution subséquente dans notre esprit.

Un bipède sans plumes, épris de raison mais prisonnier de ses émotions

Du point de vue zoologique, l'homme est un animal comme un autre. Même son anatomie générale n'a rien de particulièrement original. C'est un être bipède, comme la moitié de tous les vertébrés terrestres — il suffit de penser aux oiseaux qui, parmi eux, constituent l'ordre comptant le plus grand nombre d'espèce : plus de 9000 ! Platon avait déjà souligné judicieusement, dans sa Politique, que l'Homme n'est qu'un bipède dépourvu de plumes !

Du point de vue psychologique cependant, l'Homme est un animal bien plus original. Comme tous les autres, il est bien entendu mené avant tout par ses émotions, mais il est à coup sûr le seul au monde à vouloir se faire passer pour un être essentiellement rationnel.

Il est significatif à cet égard que les images mentales engendrées dans son entendement par les multiples et diverses sensations perçues par lui ne sont pas du tout classées en catégories distinctes conformément à un système logique, mais d'après le sentiment ou l'émotion spécifique que ces sensations déclenchent : plaisir ou douleur, peur ou colère, joie ou tristesse, chaleur ou froid, attraction ou aversion, appétit ou dégoût, désir sexuel ou répulsion, admiration ou mépris, envie ou pitié, amour ou haine, etc. Il en résulte que de nombreux agrégats constants de messages sensoriels de toutes sortes — formes et couleurs, sons, odeurs, goûts et impressions tactiles — habituellement associées à un sentiment ou à une émotion bien particulière, s'implantent dans la mémoire de chacun. Et, comme tous les êtres humains sont construits des mêmes unités biologiques — les cellules — identiquement organisées, ces amas signifiants (en jargon philosophico-scientifique, on pourrait les appeler des « essaims sémantiques ») se révèlent à peu près semblables à travers le monde entier. Comme l'environnement varie toutefois quelque peu selon les pays, chaque culture utilise forcément sa propre imagerie, ce qui rend compte des différences, le plus souvent superficielles.

Il est parfaitement logique,, bien sûr, que la structure même de notre pensée soit liée à l'anatomie intime de notre système nerveux, qui est en quelque sorte un super ordinateur miniaturisé, et à son fonctionnement. C'est ainsi, en définitive, qu'un jeu d'associations constantes — nullement fortuites, mais fondées néanmoins sur de simples ressemblances, des analogies et des parallélismes — gouvernent nos processus mentaux.

Tout se passe comme si chaque concept avait sa propre gamme d'harmoniques naturelles. Voilà qui aide à comprendre avec quelle facilité métaphores et symboles naissent d'un décalage quasi imperceptible, par quel tour de passe-passe notre vie quotidienne peut être travestie dans le rêve, et pourquoi ceux qu'on appelle « Primitifs » réunissent en général tous les objets du monde dans une série de classes, chacune dominée par un totem, un animal emblème, et groupant en son sein les choses les plus hétéroclites : une division de la tribu, certains astres, des animaux, des plantes et des pierres, un point cardinal, certaines matières, un élément, une couleur, un son, certaines activités, etc. Cela aide aussi à comprendre comment surgissent les images poétiques. Rimbaud ne parlait-il pas de la couleur des voyelles ? Et Baudelaire n'avait-il pas dit dans son sonnet *Correspondances* : « Les parfums, les couleurs et les sons répondent » ? Combien judicieusement ce poème n'était-il pas intitulé, car c'est une véritable Théorie des Correspondances qui se trouve à la base de toutes les doctrines occultistes, ainsi d'ailleurs que des mancies ou sciences divinatoires et de la magie, qui en sont les applications pratiques. Voilà comment s'expliquent notamment les médecines et les pharmacopées empiriques liées à la doctrine des signatures — de naïves analogies —tout comme les pratiques de sorcellerie, fondées sur ce que Frazer appelait, dans son *Rameau d'Or*, la « magie sympathique ». Mais, cet état de choses nous révèle aussi par quel processus d'appréciations un langage, et par la suite peut-être, une écriture, se développent pas à pas, et comment une simple liste de nom en vient à transmettre un message de contenu éthique. Par exemple, ce qui, à l'origine, était censé n'être qu'un catalogue de tous les animaux connus, le *Physiologus*, est devenu presque spontanément le Bestiaire moralisé du Moyen Age. Bref, la constance de l'amalgame, dans notre esprit, de données apparemment disparates nous apprend comment l'imaginaire fonctionne en général.

La marche Inéluctable vers une génétique de la pensée mythique

Si l'imagination mérite le sobriquet de « folle du logis », comme Malebranche l'a proposé, alors sa folie est, sans nul doute, du type paranoïaque, car son délire est rigoureusement systématisé. Et cette façon de penser d'une manière secrètement structurée paraît responsable, en définitive, de ce qu'on nomme la pensée mythique, ou plus simplement le mythe. Celui-ci reflète en effet une manière de penser archaïque, primordiale, mais combien authentique puisque liée aux sentiments et aux émotions élémentaires. Elle ne pourra être éventuellement contrôlée et disciplinée qu'à un stade ultérieur de la raison, la pensée rationnelle (abstraite, elle, de la réalité), qui a son siège dans le cortex cérébral.

Conformément au processus d'agglomération automatique décrit auparavant, il semble que lorsque les informations reçues du monde extérieur traversent le système limbique (cette portion du système nerveux central située dans la circonvolution de l'hippocampe et qu'on surnomme parfois le « cerveau émotionnel », mais où se produit aussi la mémorisation), ces informations sont triées et emmagasinées dans de mêmes catégories mentales, s'alignent sur de mêmes stéréotypes jusqu'à se laisser contaminer et compléter par eux, et se déforment en fin de compte dans les mêmes moules de l'esprit. Ce que Carl Gustav Jung a subtilement appelé « l'inconscient collectif » n'est sans doute rien d'autre qu'une adaptation évolutive, génétiquement programmée.

Il faut le souligner, cette hypothèse n'est que le prolongement logique et l'aboutissement du progrès des sciences biologiques et humaines au cours des dernières décennies.

Depuis la théorie chromosomique de l'hérédité de Thomas Hunt Morgan (1919), nous savons que, dans chaque être vivant, tous les caractères physiques sont transmis par les gènes hérités des parents, et cela vaut aussi pour les processus qui règlent le développement des divers organes et même pour les mécanismes qui assurent le fonctionnement de tout l'organisme. On soupçonnait depuis longtemps qu'il devait être de même pour les traits de comportement des êtres vivants et, dès lors, pour leurs articulations psychologiques sous-jacentes. Cela a maintenant été largement établi par suite des expériences d'éthologies faites par Konrad Lorenz (1967) et consorts, que la théorie sociobiologique d'Edward O. Wilson est venue couronner en 1975. Nos sentiments eux-mêmes semblent donc être génétiquement programmés, ce qui bien entendu réduit à la portion congrue l'influence de la culture sur notre développement individuel, influence que les utopistes de l'égalitarisme tenait pour primordiale. Noam Chomsky, le père de la linguistique moderne, est allé plus loin encore en démontrant que le langage lui-même — du moins certains des traits fondamentaux de sa grammaire — est inscrit dans notre héritage génétique (1957). La découverte capitale, par Claude Lévy-Strauss, des « invariants structurels » qui façonnent la pensée de tous les peuples du monde, prouve que jusqu'à l'organisation de notre entendement est contrôlée par certains mécanismes rigides (1958-1962), manifestement associés, selon moi, à certains de nos gènes.

Ce que j'ai personnellement cherché à découvrir dans ce vaste courant d'idées, adopté par un sociologue comme Gilbert Durand (1984), un mathématicien comme René Thom (1980) et des physiologistes tels que Waddington et Sheldrake (1981), ce sont les facteurs biologiques nécessitant cette structuration de l'esprit qui se manifeste dans les divers aspects de la pensée mythique : le *Mythe*, essentiellement religieux, la *Légende*, ou saga des héros, et le *Folklore*, c'est-à-dire l'ensemble des croyances, des fables et des dits populaires. À mon avis, c'est sans doute la peur viscérale de l'inconnu qui en est la motivation profonde. Plus précisément, la crainte des troubles psychiques qui pourraient entraîner les vicissitudes de notre vie de tous les jours quand elles sont vécues pour la première fois, parfois la seule : l'expérience pénible de la naissance, l'expulsion du sein maternel, l'hostilité glaciale du monde extérieur, la privation momentanée de la volupté liée à l'assouvissement de la faim, une passion dévorante, mais parfois contrariée, pour la mère, la rivalité avec le père (cet empêcheur de téter en rond !) puis, bientôt, la concurrence avec les frères et les sœurs, les sentiments d'abandon, les premières solitudes et, plus tard, les désirs sexuels inassouvis, les combats et les défaites, les échecs et les humiliations, les déceptions et les trahisons, les divorces et les deuils, la mort même…

Ce qui nous permet de tenir en quelque sorte pour familières toutes ces péripéties, ces tribulations, ces mésaventures, — parfois de véritables drames ! — c'est qu'elles sont inscrites dans nos gènes avant même que nous soyons confrontés avec elles. Voilà aussi pourquoi le déroulement de notre existence semble se conformer au même scénario standard, sur lequel l'esprit créateur croit broder librement à travers le monde pour décrire les manifestations des forces déifiées de la Nature, pour raconter les exploits merveilleux des héros épiques, voire les contes de fées, et même pour échafauder les simples histoires drôles.

Quel que soit le mode de création choisi, on ne peut manquer de constater tôt ou tard que l'imagination est strictement limitée dans le choix des intrigues et des motifs, et que sont planifiés avec minutie les contours de ses produits.

En somme, la pensée mythique servirait, par sa priorité et sa permanence, à prémunir les représentants de notre espèce contre les traumatismes psychologiques liés à des expériences *nouvelles*, d'autant plus angoissantes qu'elles n'ont jamais été affrontées auparavant. Tout comme, au cours des âges, notre organisme a graduellement développé des défenses naturelles pour s'opposer à toute la panoplie des agressions physiques possibles. Je suis convaincu qu'un jour, dans un avenir sans doute peu éloigné, ce système de défense psychologique pourra être vérifiés expérimentalement par les neurophysiologistes, et qu'une nouvelle discipline de la science en naîtra, que j'appellerai la « bio-mythologie ».

C'est l'inconnu qui est haïssable

Le philosophe des sciences Léon Brunschvicg disait en 1934 : « Les primitifs veulent tout expliquer, les évolués admettent des lacunes ». Ces distinctions entre la pensée dite « sauvage » et celle du « civilisé » nous semble aujourd'hui artificielle et bien désuète. Qu'on le veuille ou non, l'Inexpliqué — peut-être l'Inexplicable, qui sait ? — en somme l'Inconnu, terrifie tout le monde. Si, pour le dissiper, le « primitif » recourt à des mythes explicatifs, le savant occidental comble les lacunes de son savoir en bâtissant des hypothèses. Où est la différence ?

En l'occurrence, que se passe-t-il dans notre tête à tous quand nous nous trouvons en face d'animaux apparemment inconnus, ou que nous devons en découdre avec le problème qu'ils posent, et qui reflète après tout notre ignorance dans le domaine de l'inventaire du monde zoologique ? Pour neutraliser le côté terrifiant de cet Inconnu particulier, ou pour le moins sa nature déplaisante (bref, pour nous rassurer), nous allons être irrésistiblement entraînés à identifier tout animal de cette sorte avec l'une ou l'autre des formes, plus familière de notre univers mythique, que Jung appelait « archétypes », en choisissant, bien entendu, parmi eux celui auquel on peut l'assimiler le plus aisément.

Les êtres fabuleux sont légion : ils semblent presque impossibles à dénombrer. L'incomparable *Dizionario illustrado dei Mostri* (*Dictionnaire illustré des Monstres*) de Massimo Izzi (1989) comporte plusieurs milliers d'articles. Mais si l'on analyse avec soin la signification symbolique des diverses créatures fantastiques ainsi répertoriées, on finit par comprendre qu'il est possible de toutes les réduire à une vingtaine à peine. Cela tient au fait que chacune d'entre elles semble associée à l'un ou l'autre de nos problèmes psychologiques, lesquels ne sont, après tout, qu'en nombre relativement limité. Les « monstres », comme nous les appelons, sont en fait le reflet de ceux-ci à la surface de notre inconscient, pas seulement de notre inconscient individuel, mais aussi de l'inconscient collectif mis en évidence par Jung.

Les monstres nous donnent l'espoir, nous rassurent et nous consolent

Passons dès lors en revue, aussi rapidement que possible, ce qu'on pourrait nommer « nos monstres fondamentaux », et tentons de deviner ce que chacun d'entre eux peut bien signifier pour nous.

La *Chimère*, tout d'abord, cet assemblage absurde de fragments anatomiques empruntés à des animaux disparates, nullement apparentés les uns aux autres, est le prototype de tous les êtres apparemment impossibles, paradoxaux, contradictoires. De ce fait, elle délivre un message d'espoir puisque son existence prouve que tout est en vérité possible, y compris, sous-entendu, nos ambitions les plus folles et nos rêves les plus… chimériques.

Le *Dragon occidental* est, lui, la personnification du Mal, de tout ce que nous avons à combattre pour survivre dignement. Le Dragon oriental, au contraire, est une créature bienfaisante qui symbolise l'autorité, la force, l'expérience, la sagesse et la bonté, tout ce que nous devrions honorer et respecter. Ici, le même moule archétypal (du monstre redoutable, essentiellement reptilien) sert à incarner deux principes antagonistes. Mais la psychanalyse ne nous a-t-elle pas habitués à ce genre d'ambivalence ?

La *Licorne*, symbole phallique par excellence, est l'image de la virilité agressive, de la puissance du mâle, mais qui peut être vaincue par ce que la « faible femme » a de plus pur, de plus ingénu, de plus perfide aussi, et en définitive de plus efficace.

La *Sirène*, d'autre part, est plutôt l'image de la mère enveloppante et dévoratrice, de la « Belle Dame sans merci », la Femme fatale, la Vamp, dont le mâle est l'éternelle victime. A la fois aquatique et cannibale, elle suscite également chez l'homme la nostalgie du temps passé, où flottait sans souci dans le liquide amniotique, au creux des entrailles maternelles.

L'*Amazone* exerce une fonction assez semblable mais sur le plan social. Jalouse des prérogatives du mâle dans les sociétés patriarcales, elle ne le séduit pas pour les déflorer ensuite, mais elle le viole puis le châtre et le réduit en esclavage, son rôle d'étalon reproducteur une fois accompli.

L'*Homme sauvage*, ou Satyre, joue un double rôle. D'une part, il sert de repoussoir, de faire-valoir à l'Homme civilisé — le Chevalier d'autrefois ou le B.C.B.G. de notre temps — par tout ce qu'il a de bestial, d'inculte, de répugnant (Bernheimer, 1953). Mais, d'autre part, il est aussi l'image idyllique d'un Paradis perdu, celui de l'animalité, non astreinte au travail, et non culpabilisée par le sentiment crucifiant du péché de la chair.

L'*Hermaphrodite*, comblé à l'extrême au point de vue sexuel, réalise le rêve gourmand de ceux qui souhaiteraient éprouver les sentiments et les sensations des deux sexes à la fois.

L'*Ogre* et l'*Ogresse*, les géants anthropophages, sont une vision terrifiée du monde des parents, des adultes, à travers l'œil de l'enfant. Quant au *Petit Peuple*, celui, souterrain, des gnomes, des farfadets et des Korrigans, il n'est que l'envers du même mythe : une transposition de l'univers des enfants, isolés par leur faible taille, incompris, relégués dans une sphère inférieure, et obligés de rendre maints services aux « grands » pour s'attirer leurs faveurs et s'assurer leur protection.

Le *Croquemitaine* vorace, la « Bête qui mange le monde », est aussi ambivalent que maints autres monstres : il incarne la peur d'être dévoré, supprimé, anéanti, mais également le désir, on ne peut plus « rétro », de retour à la tiède sécurité du ventre de la mère.

Le *Loup-garou* paraît souligner le risque d'une brutale régression au stade animal, mais son destin inéluctablement tragique nous incite à ne pas céder à nos « bas » instincts, réprimés de manière trop négligente.

A cet égard, le *Monstre lacustre*, dissimulé sous des eaux troubles, impénétrables au regard, évoque tout ce qu'il y a de pervers, d'inavouable et même d'indicible au fond de nous. Mais comme il a la réputation de garder jalousement des trésors, cela signifie en outre que nous restons très attachés à ce que nous refoulons au plus secret de notre cœur.

Le *Grand Serpent-de-mer*, lui, est le symbole combien transparent du Diable, le Prince des Ténèbres, en l'occurrence de ce qu'on appelait jadis « les ténèbres extérieures », à savoir les immensités océaniques situées au-delà de l'horizon et qu'on tenait pour le domaine de prédilection des puissances du Mal.

Tout comme le *Monstre tentaculaire*, surgissant des abysses, représente les dangers qui nous menacent par en dessous (de l'intérieur ! nos conflits internes), l'*Oiseau kidnappeur* — que ce soit l'Oiseau Roc, l'Oiseau-Tonnerre, ou même le Griffon, plus reptilien — est l'image de ceux qui nous guettent d'en haut (le Démiurge, l'autorité morale qui nous juge et, le cas échéant, nous châtie).

Le *Phénix*, ambassadeur d'une contrée lointaine et merveilleuse, et renaissant perpétuellement de ses cendres, nous rappelle l'Eden écroulé, le pays où la mort n'existait pas. Son exemple fait miroiter à nos yeux la possibilité d'un retour à cet Age d'Or.

S'il évoque pareillement la soif d'immortalité, le *Vampire* sert surtout à souligner la malédiction qui suit comme une ombre ceux qui cherchent à l'acquérir.

Enfin, il y a la longue procession des Hommes différents : sans tête ou à deux têtes, à face de chien ou d'oiseau, pourvus d'un œil unique ou, au contraire, de cent yeux, privés de nez ou de bouche, à la lèvre inférieure démesurée pendant sur la poitrine, ou encore drapés dans des oreilles énormes, à bras multiples, à une seul jambe ou à pattes nombreuses, à démarche quadrupède, aux pieds préhensibles ou tournés à l'envers, au bas du corps de bouc, d'âne ou de cheval, à queue de bête, etc. Cette file interminable met en évidence ce à quoi nous avons échappé en étant tel que nous sommes, et nous rassure donc, en quelque sorte, sur notre condition, si misérable qu'elle puisse paraître.

Le mythe en tant que science infuse

Pour nous résumer, il y a des mythes — et des créatures mythiques — pour tous les âges, tous les sexes, voire toutes les singularités. C'est pourquoi ils attirent notre attention, ils nous séduisent, nous troublent, nous captivent, nous illuminent même, encore que d'une obscure clarté, et, en fin de compte, nous rassurent et nous consolent. Quoi d'étonnant que nous soyons si friands de « monstres » au cinéma, comme en peinture et en littérature !

Si paradoxal que cela paraisse, les bêtes fabuleuses sont, de tous les animaux, les plus proches de nous, les plus étroitement liés à notre vie intime. Le chien, le chat, le cheval, et quelques autres, vivent *à nos côtés*, les monstres, eux, vivent *en nous*. Ils sont même, nous l'avons suggéré, les plus sûrs garants de la paix de notre âme. Voilà la raison profonde pour laquelle nous sommes si enclins — et avec quelle impatience ! — à faire endosser la défroque de ces bêtes légendaires aux animaux de chair et de sang, parfois les plus prosaïques. L'opération est évidemment d'autant plus facile que ceux-ci sont mal connus, à peine connus ou seulement à la veille de l'être, bref *incomplètement* connus, comme les grands classiques évoqués au début de cet exposé.

C'est toujours par horreur de l'Inconnu que nous cherchons à combler les zones d'ombre ou les franches lacunes de notre connaissance de ces animaux en empruntant certains de leurs traits marquants à l'archétype mythique dans lequel ils s'insèrent le plus commodément. Ces traits sont parfois, hélas ! d'une nature fantastique, voire surnaturelle. *Moins* nous savons de ces animaux (soit parce qu'on les a à peine entrevus de manière fugitive, du fait qu'ils sont aquatiques, nocturnes ou fouisseurs, soit parce qu'ils hantent des régions inhospitalières où l'homme ne s'aventure guère, soit encore, parce qu'ils craignent celui-ci et fuient) *plus* ils sont forcément appelés à être complétés, et donc mythifiés. Il est donc tout à fait naturel, quasi inéluctable, de voir les animaux peu ou mal connus bientôt considérés comme des « monstres », des créatures d'exception, des prodiges, peut-être même des présages, ce qui relève franchement de l'irrationnel. Cicéron disait : *Monstra appellantur qui monstrant* (on les appelle monstres, parce qu'ils montrent), sous-entendez qu'ils montrent l'avenir, ou ce qui est caché. C'est un calembour de sa part, car ce fin linguiste savait pertinemment bien que *monstrum* dérive en réalité du verbe *moneo*, à savoir « prévenir » ou « avertir ». Mais la leçon restait la même : les monstres relèvent de l'occulte.

Une chirurgie plastique qui rend parfois méconnaissable

La véritable métamorphose que les animaux encore à découvrir subissent du fait de leur mythification peut être profonde et radicale si le moule archétypal dans lequel on les force est vraiment trop étriqué, et s'il tient donc plutôt du lit, combien inconfortable, de Procuste. Mais quoi qu'il en soit, le traitement en question leur fera désormais coller au corps, comme par décalcomanie, l'aspect caractéristique, parfois extravagant, de l'archétype, ainsi que ses mœurs souvent aberrantes. Les en débarrasser se révèlera toujours une opération longue et délicate, comme s'il s'agissait d'un véritable tatouage.

Il arrive parfois que le processus de mythification soit si poussé qu'il rend sa victime méconnaissable.

Parce que le Lamantin possède des mamelles pectorales, comme son cousin l'Eléphant, et aussi comme la femme, et que son corps se termine en queue de poisson, on l'a toujours assimilé, de part et d'autre de l'Atlantique, à la séduisante sirène aux cheveux d'or — et ce, en dépit de sa calvitie et de son mufle, à nos yeux hideux — et on l'a soupçonné du même coup des pire instincts sanguinaires. Le long des fleuves d'Afrique centrale, les lamantins sont en général décrits comme les vampires de l'eau, des goules capables de vider les baigneurs imprudents de leur sang, et même de leur cervelle, en les leur suçant par les narines. Or, peut-on rêver animal plus inoffensif plus désarmé, que ces sortes de vaches aquatiques, qui passent le plus clair de leur temps à brouter avec indolence des jacinthes d'eau et d'autres plantes succulentes ?

La Licorne originelle était — on l'ignore souven — un *homme* doté d'une corne unique au milieu du front. C'était *Ekasringa* (corne unique), parfois appelé *Rsyaringa* (corne de gazelle) parce qu'il était né de l'union d'un ermite avec une gazelle. Une solitude trop prolongée peut expliquer certains débordements... L'histoire a été rapportée dans le *Mahabharata*, la grande épopée indienne dont la rédaction a été amorcée au IVe siècle avant notre ère. Toutefois, quand, à la même époque, un quadrupède également oriental et semblablement armé, mais sur le nez, fut décrit par un médecin grec du nom de Ctésias, qui en avait entendu parler en Perse, l'animal prit bientôt, dans notre panthéon mythique, la place de l'homme unicorne. Peut-être l'état ithyphallique de ce dernier était-il trop crûment suggéré pour ne pas finir par choquer. Toujours est-il que la bête en question n'était autre que le Rhinocéros unicorne de l'Inde : le texte de Ctésias ne peut laisser aucun doute à ce sujet. Seulement, elle a été mythifiée à ce point par ses illustrateurs, qui prenaient sa description à la lettre, qu'elle s'est muée en un gracieux cheval blanc aux sabots fendus et au front orné d'une longue épée d'ivoire torsadée, imitée de la dent unique du narval. Aussi, à la Renaissance, les encyclopédistes de la zoologie n'ont plus été capables de la reconnaître, et dans leurs traités, ils ont classé côte à côte le rhinocéros indien puissamment cuirassé et la gracile licorne médiévale.

Le rôle du satyre a été joué par divers interprètes prestigieux

Un même moule archétypal peut, bien entendu, servir à de multiples transformations, aussi bien simultanément qu'à tour de rôle. Maints animaux très différents ont été tenus pour des sortes de dragons, de diables, de vampires ou de serpents-de-mer, et ils ont donc été déformés dans l'esprit populaire conformément à leur réputation traditionnelle.

Le cas de l'Homme sauvage est exemplaire à cet égard. Son emploi, dans le sens théâtral du terme, a sûrement été tenu au cours de la Préhistoire par l'Homme de Néanderthal, dont on sait à présent qu'il a coexisté pendant des dizaines de milliers d'années avec l'Homo sapiens. Plus fruste, plus velu, bien moins armé que lui, mais probablement plus rusé, plus insaisissable, car resté plus proche du reste de l'animalité, sans doute venait-il parfois enlever des femmes de notre espèce, ce qui a contribué à nourrir la légende du satyre. Après qu'il eut disparu peu à peu d'Europe, refoulé ou exterminé par ses frères *sapiens*, de premières rumeurs parvinrent en Occident sur l'existence, en Asie et en Afrique, de grands singes ressemblant vaguement à l'Homme par l'absence de queue et la stature : respectivement l'Orang-outan et le Chimpanzé. Ce furent eux qu'on força à leur tour dans le moule de l'Homme sauvage devenu vacant : on les qualifia d'emblée d'Hommes-des-bois, et on les soupçonna l'un et l'autre de savoir parler.

Mais de se refuser à le faire pour ne pas être astreint au travail et, bien entendu, on leur fit la réputation de brutes sanguinaires et libidineuses. Ensuite, bien plus récemment, le Gorille de côte, puis celui de montagne leur ont succédé dans ce même rôle. On prétendit qu'ils assommaient les éléphants à coup de massue — l'arme traditionnelle de l'Homme sauvage, dans l'héraldique européenne, entre autres ! — et, comme d'habitude, on les accusa d'enlever les négresses pour les violer. Nous savons aujourd'hui que les gorilles sont de grands singes particulièrement débonnaires et pacifiques, végétariens quasi intégraux, et bien moins obsédés par le sexe que leur cousin, « le Singe nu », l'Homme. Depuis que nous connaissons beaucoup mieux les gorilles, leur mauvaise réputation a été transférée à un autre anthropoïde, hantant toujours incognito l'Himalaya. C'est celui-là qu'on a dès lors soumis à la même précontrainte en l'introduisant dans le monde sempiternel de l'Homme sauvage. On raconte, en effet, qu'il met les yaks k.o. à points nus, avant de les étriper de ses crocs puissants et de leur dévorer les entrailles encore fumantes, et, faut-il le dire ?, on prétend qu'il agresse sexuellement les femmes, de préférence les fillettes. Ce n'est plus le satyre avide de nymphes, mais de nymphettes ! C'est l'abominable Homme-des-neiges, puisqu'il faut l'appeler par son nom, d'ailleurs totalement immérité, puisqu'il n'a rien d'abominable, que ce n'est pas un homme, et qu'il ne vit pas dans la neige.

Le progrès d'une connaissance semble passer toujours par un stade fabuleux

De tels exemples pourraient être multipliés à la demande : il suffit pour le faire de survoler l'histoire de la zoologie. Le déroulement des événements est invariablement le même. Après avoir été considérablement mythifié parce qu'on le connaissait trop eu, trop mal ou seulement par ouï-dire, un animal ordinaire devient fabuleux. Et les animaux fabuleux sont appelés à être dépouillés un jour de leurs attributs fantastiques, dès qu'ils auront été scrutés d'assez près par la science. Deux métamorphoses apparemment opposées, mais pas tout à fait cependant — de l'inconnu au fabuleux, et du fabuleux au connu — en fait se succèdent et se complètent tout au long de notre découverte progressive, et rarement soudaine, de formes animales résolument nouvelles.
C'est exactement ce qui produit aussi lors de la conquête pas à pas de terres nouvelles par l'Homme. Il faut se souvenir comment, par le passé, des îles lointaines, des contrées encore inexplorées, voire des continents entiers, qui auraient été aperçus ou visités par des marins et des aventuriers particulièrement hardis, ont eu la réputation d'être des édens ou des enfers, parfois un subtil mélange des deux, jamais rien de banal.

Ils étaient toujours très vaguement situés, décrits tantôt comme couverts d'une végétation luxuriante produisant des fleurs magnifiques et des fruits délicieux, tantôt comme effroyablement déshérités et stériles mais foisonnant en général de trésors fabuleux — gardés toutefois par des bêtes terrifiantes — et peuples de superbes filles aussi peu vêtues que possible, mais en même temps d'hommes outrageusement cannibales, leurs maris ou leurs pères. Ce n'est que petit à petit que ces pays d'au-delà des horizons ont été découverts et dûment explorés, quand et s'ils ont été retrouvés, ce qui n'a pas toujours été le cas. Songez-y, l'Atlantide, la Lémurie, le continent Mu et la *Terra australis incognita* ; le Vinland et le pays de Prêtre-Jean, de l'*El Dorado* et des Amazones ; l'île de Saint-Brendan et celles de Thulé, d'Ophir, d'Antilia et de Taprobane, ont connu les fortunes les plus diverses. Tout a dépendu du degré plus ou moins poussé de mythification que ces terres avaient subi, et de la confusion qui avait régné au surplus entre certaines d'entre elles. Mais *toutes* sont passées pendant un certain laps de temps par un stade fabuleux.

On arrive à se demander si ce processus mental, au cours duquel mythes et faits semblent jouer à cache-cache, n'est pas tout à fait normal, inévitable même, chaque fois que nous avançons à tâtons et d'une démarche hésitante parmi les ténèbres de n'importe quel domaine de nos savoirs, de notre connaissance en général.

Le pouvoir de la science est strictement limité

Si une appréhension mythique d'un phénomène inconnu précède toujours un traitement scientifique, n'est-ce pas tout naturellement parce que l'émotion se déclenche d'emblée, alors que la raison ne peut qu'intervenir ensuite pour éventuellement la contrôler ? Soit dit en passant, la Science — qui est supposée le produit de raisonnements corrects fondés sur des faits jouant le rôle de prémisses — ne devrait jamais être tenue pour synonyme de Vérité, et moins encore de « la vérité, toute la vérité, et rien que la vérité ». Elle n'est rien de plus que la *portion de nos connaissances susceptible de quantification*, comme disent les philosophes, c'est-à-dire pouvant être mesurée, traduite en formules mathématiques, et ensuite communiquée, sous cette forme rigoureuse, inaltérable et sans ambiguïté, à d'autres êtres doués de raison. Pour dire les choses autrement, la Science, c'est du *savoir rationalisé*.

Malheureusement pour l'homme de science, une bonne part de ce que nous connaissons est tout à fait irrationnel : *connaître* une femme, par exemple, comme on disait dans la Bible, définir le charisme, comme il est de mode de le dire aujourd'hui, mais aussi différencier ce qui est dextrogyre de ce qui est lévogyre, ou, si l'on préfère, ce qui tourne dans le sens des aiguilles d'une montre de ce qui tourne à l'inverse de ce sens. Ces phénomènes, si disparates soient-ils, ne peuvent être, ni les uns ni les autres, exprimés en chiffres, et cela indique très clairement combien la Science est limitée *a priori*, de ce fait, combien est restreint l'empire de la Raison elle-même.

Dans notre entendement, mythification et rationalisation se succèdent, empiètent l'un sur l'autre, et en définitive se complètent. Dans les écrits populaires, on a coutume d'opposer mythe et réalité, comme antagonistes et même contradictoires. C'est une absurdité. Les faits et les mythes sont si étroitement entrelacés dans notre pensée, en vérité confondus, qu'il est difficile de les séparer avec netteté. Il en résulte que pour comprendre les mythologies, comme pour comprendre les sciences, les deux approches sont tout à fait indispensables.

Les monstres du futur attendent déjà dans les coulisses

Qu'on se rassure donc, l'entreprise systématique de démythification des « monstres », à laquelle la cryptozoologie s'est attelée, ne se soldera jamais par l'anéantissement de ces êtres, dont nous avons le plus grand besoin pour notre confort intellectuel, comme pour la paix de notre âme. Une fois que les animaux qui se sont incarnés en eux ont rejoint le bercail de la Science, il s'en trouve toujours d'autres pour prendre le relais et jouer leur rôle. Même si d'aventure l'inventaire du monde animal touchait à sa fin — ce que l'actualité zoologique ne cesse de démentir ! — nous trouverions ailleurs de quoi nourrir nos mythes élémentaires.

Les Hommes différents ne se dissimulent plus dans des contrées lointaines, hors de notre portée : ils peuplent nos rues. La prolifération de ceux à peau noire, brune ou jaune finit même par inquiéter les gens du cru. Les amazones castratrices du *Women's Lib*, et de sa branche locale, le M.L.F., ont tenu un moment le haut du pavé, et leur influence est bien loin de se perdre. Et sous le couvert de la mode unisexe, les Hermaphrodites se sont insidieusement efforcés d'étendre leur empire.

Les monstres ténébreux qui nous guettaient de tous côtés, ont pris un virage bien différent. Le « Trou dans la couche d'ozone » nous menace d'en haut, la « Pollution par des déchets radioactifs » du sol comme de la mer se fait craindre par en dessous, ainsi d'ailleurs que le présage d'un Nouveau Déluge. Ce crabe dévorant qu'est le cancer, et un envahisseur plus traître encore, le sida — ces nouveaux ennemis de l'intérieur ! — ont rendu dérisoires loups-garous, vampires et autres mangeurs d'hommes. Nous sommes entrés dans l'Age de l'Exploration de l'Espace et de la Technologie triomphante. Déjà, la Vamp artificielle, comme celle du film *Metropolis* de Fritz Lang, est prête à remplacer l'irrésistible sirène. Le Robot, kidnappeur de belles blondes, se substitue peu à peu, dans les *Space Operas*, à l'antique Satyre persécuteur de nymphes callipyges, ainsi qu'à ses nombreux descendants plus simiesques, dont King Kong a été le nec plus ultra. Les Soucoupes volantes succèdent à l'Oiseau Roc pour venir cueillir les Terriens à la volée. Les petits extra-terrestres, plus ou moins verts, *E.T.* en tête, ont pris la place des poulpiquets et autres gnomes. Et le « Triangle des Bermudes » fait plus de victimes à lui tout seul que la Trinité Océane réunie — la Sirène, le Poulpe colossal et le Grand Serpent-de-mer —. Pour pallier la disparition éventuelle des créatures maléfiques qui nous menacent sur cette Terre, la Science-Fiction, en la personne de Van Vogt, est allée jusqu'à suggérer l'existence d'une « Faune de l'Espace », dont l'appétit de conquête finira un jour, n'en doutons point, par nous inquiéter jusqu'à l'angoisse.

N'ayez crainte, les monstres ne sont pas prêts de disparaître. La relève est, dès à présent, assurée.

Bernard Heuvelmans
Président de l'*International Society of Cryptozoology*

BIBLIOGRAPHIE

Bernheimer (Richard)
Wild Man in the Middle Age, Cambridge, Mass., Harvard University Press, 1952

Brunschvicg (Léon)
Les Ages de l'Intelligence, Paris, Félix Alcan, 1934

Chomsky (Noam)
Syntactic Structures, Gravenhage, Mouton, 1957
(Traduction française : *Structures syntaxiques*, Paris, Le Seuil, 1969)

Durand (Gilbetrt)
Les Structures anthropologiques de l'imaginaire, Paris, Dunod (10e édition), 1984

Heuvelmans (Bernard)
Sur la piste des bêtes ignorées, Paris, Plon, 1955
(Réimpression : Paris, François Beauval ; Genève, Famot ; 1982)
Dans le sillage des monstres marins : le Kraken et le Poulpe colossal, Paris, Plon,
1958 (Réimpression : Paris, François Beauval ; Genève, Famot ; 1974)
« L'Abominable Homme-des-bois ». *Sandorama*, Paris, janvier 1962
« Von Schneemenschen, Waldmenschen und Gorgonen ». *Panorama*, Basel, April, 1962
« Sous le masque de la licorne ». *Sandorama*, Paris, (automne) 1963
Le Grand Serpent-de-mer : le problème zoologique et sa solution, Paris, Plon, 1965
(Edition revue et complétée : 1975)
Les derniers Dragons d'Afrique, Paris, Plon, 1978
Les Bêtes humaines d'Afrique, Paris, Plon, 1980
« On Monsters : or How Unknown Animals Become Fabulous Animals » *Fortean
Times*, London, n°41, 43-47, 1983
« The Bird and Early History of Cryptozooloy ». *Cryptozoology*, Tucson, Arizona,
vol.3 : 1-30, 1984
« La Metamorfosi degli Animali Sconosciuti », in *Bestie Favolose Abstracta*,
Roman, vol.2 (18) : 78-85 (Settembre), 1987
Heuvelmans (Bernard) & Porchnev (Boris F.)
L'Homme de Néanderthal est toujours vivant, Paris, Plon, 1974

Izzi (Massimo)
I Mostri e l'Immaginario, Roma, Manilo Basia, 1982
Il Dizionario illustrato dei Mostri, Roma, Gremese Editore, 1989

Jung (Carl Gustav)
L'Homme à la découverte de son âme, Genève, Editions du Mont-Blanc (4e édition), 1950
L'Homme et ses symboles, Paris, Robert Laffont, 1964

Jung (Carl Gustav) & Kerenyi (Karl)
Introduction à l'essence de la Mythologie, Paris, Payot, 1974

Levi-Strauss (Claude)
Anthropologie structurale, Paris, Plon, 1958
La Pensée sauvage, Paris, Plon, 1962

Lorenz (Konrad)
Evolution et Modification du Comportement, Paris, Payot, 1967

Morgan (Thomas Hunt)
The Physical Basis of Heredity, Philadelphia, J.B. Lippincott, 1919

Sheldrake (Ruppert)
A New Science of life : the Hypothesis of Formative Causation, London, Blond &
Briggs, 1981

Thom (René)
« Les Racines biologiques du symbolisme », in M. Maffesoli : *La Galaxie de
l'Imaginaire*, Paris, Berg International, 1980

Wilson (Edward Osborne)
Sociobiology : The New Synthesis, Cambridge, Mass., Harward University Press,
1975

ANNEXE VIII

BIBLIOGRAPHIE DE BERNARD HEUVELMANS

établie par Fabrice Tortey

De l'astronomie et la cosmologie à la physique nucléaire et la psychologie des profondeurs, le père de la cryptozoologie s'intéressa à tous les domaines de la science, sans oublier des incursions dans la musique de Jazz ou, cryptiques, dans la bande dessinée. Cela se traduisit par une multitude de collaborations à des revues et journaux à travers le monde sur une période de plus de 55 ans. Selon une estimation de Bernard Heuvelmans (lettre à F.T. du 12 juin 1996), c'est par milliers qu'il faudrait compter les références d'une bibliographie complète. Aussi, avec ses quelque 150 références, le présent travail ne saurait prétendre à l'exhaustivité. Les traductions et adaptations ont été exclues. Seuls quelques entretiens ont été mentionnés à titre d'exemple.

1939 :

« Le problème de la dentition de l'oryctérope », *Bulletin du Musée royal d'Histoire naturelle de Belgique*, Bruxelles, tome XV, n°40.

1941 :

« Notes sur la dentition des siréniens. I : la formule dentaire du Lamantin (Trichechus) », *Bulletin du Musée royal d'Histoire naturelle de Belgique*, Bruxelles, tome XVII, n°21.
« Notes sur la dentition des siréniens. II : morphologie de la dentition du Lamantin (Trichechus) », *Bulletin du Musée royal d'Histoire naturelle de Belgique*, Bruxelles, tome XVII, n°26.
« Notes sur la dentition des siréniens. III : la dentition du Dugong », *Bulletin du Musée royal d'Histoire naturelle de Belgique*, Bruxelles, tome XVII, n°53.

1942 :

« Notes sur la dentition des siréniens. IV : le cas du Prorastoma veronense », *Bulletin du Musée royal d'Histoire naturelle de Belgique*, Bruxelles, tome XVIII, n°3.

1943 :

« Notes sur la dentition des siréniens. V : conclusions générales », *Bulletin du Musée royal d'Histoire naturelle de Belgique*, Bruxelles, tome XIX, n°29.

1944 :

L'homme parmi les étoiles. Paris / Bruxelles : Delforge.

1945 :

L'homme au creux de l'atome. Paris / Bruxelles : éditions du Sablon.

1949 :

« Tableau de chasse d'un traqueur de bobards », *Caliban*, Paris, n°24 (février) : 25-30.
« Les dix progrès techniques les plus sensationnels de l'année », *Caliban*, Paris, n°28 (juin) : 66-67.
« Le Jazz sépare la France en deux », *Caliban*, Paris, n°30 (août) : 25-31.
« Le rhume coûte cher », *Caliban*, Paris, n° 33 (novembre) : 57-59.
« L'homme qui voulait être vert », *Caliban*, Paris, n° 34 (décembre) : 21-26.

1950 :

« Plus fort que d'avaler le sabre. Le mystère de l'homme invulnérable », *Héroïc-Albums*, Bruxelles, n°41
« La presse fait peau neuve », *Caliban*, Paris, n°37 (mars) : 47-52.
« Les Martiens ont-ils la bombe atomique ? La guerre de Mars n'aura pas lieu ! », *Caliban*, Paris, n°40 (juin) : 79-85
« La calvitie, preuve de virilité ! », *Caliban*, Paris, n°41, juillet : 21-23.
« J.R. Oppenheimer, philosophe atomique n°1 », *Caliban*, Paris, n° 44 (octobre) : 25-30.
« L'homme vit le plus vieux ! », *Caliban*, Paris, n°46 (décembre) : 79-82.

1951 :

De la Bamboula au Be-bop. Paris : éditions de la Main jetée..
Le secret des Parques. La prolongation de la vie. Paris : L'Arche.
Le secret des Parques. La suppression de la mort. Paris : L'Arche.
« Visite au docteur Knock américain », *Caliban*, Paris, n°48 (février) : 15-19.
« Les neuf visages du progrès scientifique au tournant du demi-siècle », *Caliban*, Paris, n°50 (avril) : 96-97.
« Que penser de ce pithécanthrope ? », *Caliban*, Paris, n°51 (mai) : 27-28.
« Chasse aux maris aux U.S.A. », *Caliban*, Paris, n°51 (mai) : 43-48.
« Qu'allons-nous faire de nos vieillards ? », *Caliban*, Paris, n°53 (juillet) : 26-31.
« Quelle est la durée de la vie humaine, peut-on espérer la prolonger ? », *Sciences & Avenir*, Paris, n°55 (septembre) : 410-413.

« Ce mensonge qui nous fait (encore) tant de mal : le racisme », *Caliban*, Paris, n°55 (septembre-octobre-novembre) : 24-30.
« Génétique et biologie de la femme », *Sciences & Avenir*, Paris, n°57 (novembre) : 490-493.
« Le rajeunissement est-il possible ? Les récents progrès de la biologie et de la médecine ouvrent-ils des perspectives dans ce domaine ? », *Sciences & Avenir*, Paris, n°58 (décembre) : 557-561, 575.

1952 :

Le secret des Parques. Le rajeunissement. Paris : L'Arche.
« Les régions explorées du globe recèlent-elles encore des monstres inconnus ? », *Sciences & Avenir*, Paris, n°59 (janvier) : 5-11, 46.
« Existe-t-il encore des « Hommes-singes » contemporains de nos premiers ancêtres ? », *Sciences & Avenir*, Paris, n°61 (mars) : 120-126, 143.
« L'homme des cavernes a-t-il connu des géants mesurant 3 à 4 mètres ? », *Sciences & Avenir*, Paris, n°63 (mai) : 204-211.
« De la légende à la réalité scientifique : voici le « Serpent-de-mer » », *Sciences & Avenir*, Paris, n°66 (août) : 373-377, 382.

1954 :

« D'après les travaux les plus récents, ce n'est pas l'homme qui descend du singe, mais le singe qui descendrait de l'homme. », *Sciences & Avenir*, Paris, n°84 (février) : 58-61, 95.
« L'homme doit-il être considéré comme le moins spécialisé des mammifères ? », *Sciences & Avenir*, Paris, n°85 (mars) : 132-136, 139.
« Les grands oiseaux fossiles marcheurs. Les forêts des montagnes de la Nouvelle-Zélande recèlent-elles encore des oiseaux géants de 3,50 mètres de hauteur ? », *Sciences & Avenir*, Paris, n°90 (août) : 354-359, 381,

1955 :

Sur la piste des bêtes ignorées. Tome I : Indo-Malaisie, Océanie. Tome II : Amérique du Sud, Sibérie, Afrique. Paris : Plon.
« Les lémuriens, ancêtres des singes ? », *Sciences & Avenir*, Paris, n°95 (janvier) : 34-39, 42.

1956 :

« Après l'abominable homme des neiges, l'abominable homme de la jungle », *Tout Savoir*, Paris, décembre : 89-95.

1958 :

Dans le sillage des monstres marins : le kraken et le poulpe colossal. Paris : Plon.

On the Track of Unknown animals. London : Rupert Hart-Davis.
Tras la pista de los animales desconocidos (I y II). Barcelona : Luis de Caralt.
« Les océans recèlent-ils encore des géants inconnus ? », *Sciences & Avenir*, Paris,
n° 133 (mars) : 123-127.
« Oui, l'homme des neige existe », *Sciences & Avenir*, Paris, n°134 (avril) : 174-179, 220
« Was wissen wir über der Schneemenschen ? », *Lebendiges Wissen*, n°43 (mai) :
196-203, 239..
« Existe-t-il encore des dinosaures dans certains grands lacs africains ? »,
Sciences & Avenir, Paris, n°139 (septembre) : 446-452.

1959 :

Le Jazz : de la bamboula au be-bop (avec Jean Tarse). Verviers : Marabout Flash,
Editions Gérard et C°.
On the Track of Unknown animals (second printing). London : Rupert Hart-Davis.
On the Track of Unknown animals. New York : Hill & Wang.

Zmajevi nisu nestali I; traduction croate du volume 1 de *Sur la piste des bêtes igno-
rées*). Zagreb : Epoha.
« Les mammifères à écailles, « véritables tanks amphibies » venus d'un autre âge »,
Sciences & Avenir, Paris, n°150 (août) : 410-415, 436.
« Comment ont été reconstitués les monstres fossiles », *Sciences & Avenir*, Paris,
n°152 (octobre) : 520-526.

1961 :

Sur la piste des bêtes ignorées (édition revue et corrigée). Paris : Plon.
Fantomi zivotinjskog cartsva (II ; traduction croate du volume 2 de *Sur la piste des
bêtes ignorées*). Zagreb ; Epoha.
Traduction russe de *Sur la piste des bêtes ignorées*. Moskva : Detskii Mir,
« Parce que les scalp du yéti sont des faux, faut-il dire adieu à l'abominable homme
des neiges ? », *Le patriote illustré*, n°3 (15 janvier) : 18-19.
« Comment j'ai percé le mystère des scalps de yéti », *Sciences & Avenir*, Paris,
n°169 (mars).
« Un livre important : La vie fantastique des animaux », *Planète*, Paris, n°1 (octobre
/ novembre) : 157-159.

1962 :

On the Track of Unknown animals (Second revised edition). London : Rupert Hart-Davis.
« L'abominable homme des bois », *Sandorama*, Paris (janvier).
« A la recherche du Serpent-de-mer », *Planète*, Paris, n° 3 (février/mars) : 94-103.
« Von Schneemenschen, Waldmenschen, und Gorgonen », *Panorama*, Basel (April).

1963 :

On the Track of Unknown animals (Revised edition). London : Rupert Hart-Davis.
Pa nepazistamu Dzivnieku cdãm (Traduction lettone de *Sur la piste des bêtes igno-rées*). Riga : Latvijas Valsts Izdevniecba.
Na Tropie nieznanych zwierzat (Traduction polonaise de *Sur la piste des bêtes igno-rées*). Warszawa : Wiedza Powszechna.
« Sous le masque de la licorne », *Sandorama*, Paris (automne).

1964 :

Po Sledovik Neznanih Zivali (Traduction slovène de *Sur la piste des bêtes igno-rées*). Ljubljana : Cankarjeva Zabvzba.
Morska Cudovišta (Traduction croate de *Dans le sillage des monstres marins : le kraken et le poulpe colossal*). Zagreb : Epoha.
« Des survivants de l'ère secondaire », *Planète*, Paris, n°17 (juillet-août) : 24-29.

1965 :

Le Grand Serpent-de-mer. Paris : Plon.

On the Track of Unknown animals (Abridged edition). New York : Hill & Wang.
« Le peuple des singes est étonnant », *Atlas*, Paris, n°54, mars : 24-34.
« Jeux olympiques au zoo », *Atlas*, Paris, n° 56 (mai).
« Comment j'ai vaincu le Grand Serpent-de-mer », *Planète*, Paris, n°24 (septem-bre/octobre) : 68-79.
« Les dragons sont toujours parmi nous », *Atlas*, Paris, n°61 (octobre) : 76-85.
« Le Serpent-de-mer vit toujours », *Atlas*, Paris, n°62 (novembre) : 32-41.
« L'énigme de la plume zébrée », *Atlas*, Paris, n°63 (décembre) : 88-95.

1966 :

« Les Agogwé, nains velus de Mozambique », *Atlas*, Paris, n°65 (février) : 114-120.
« La réhabilitation du gorille », *Atlas*, Paris, n°74 (novembre).
« Le chimpanzé descend-t-il de l'homme ? », *Planète*, Paris, n° 31 (novembre-dé-cembre) : 86-97.

1967 :

« Note de l'adaptateur à propos des noms communs » in : Van den Brink, Frédéric-Henri (adaptation de Bernard Heuvelmans), *Guide des mammifères d'Europe*. Neuchâtel : Delachaux & Niestlé, 231.
« Notre planète à l'âge des dinosaures », *Atlas*, Paris, n°77 (février) : 36-54.

1968 :

Histoires et légendes de la mer mystérieuse. Textes recueillis et présentés par Bernard Heuvelmans. Paris : Tchou, éditeur.
In the Wake of the Sea-serpent. London : Rupert Hart-Davis.
In the Wake of the Sea-serpent. New York : Hill and Wang.
Po stopách mobských oblud (Traduction tchèque de *Dans le sillage des monstres marins : le kraken et le poulpe colossal*). Praha : Mlada Fronta.

1969 :

Na Tropie nieznanych zwierzat (Réédition de la traduction polonaise de *Sur la piste des bêtes ignorées*). Warszawa : Wydanic Drugie.
« Note préliminaire sur un spécimen conservé dans la glace, d'une forme encore inconnue d'Hominidé vivant : *Homo pongoides* (sp. seu subsp. nov.) », *Bulletin du Musée royal d'Histoire naturelle de Belgique*, Bruxelles, tome 45, n°4 (10 février).

1970 :

On the Track of Unknown Animals (Pocket book edition). London : Granada / Paladin.
« ¿Bestia, hombre o eslabón perdito? », *Excelsior*, Mexico, 15 : 17 y 18.
« L'exposition Alika Lindbergh ou le réalisme onirique », *Le nouveau Planète*, Paris, n° 14 (janvier-février) : 157.

1972 :

On the Track of Unknown Animals (Paperback edition). Cambridge, Massachusetts : The Massachusetts Institute of Technology Press.

1974 :

L'Homme de Néanderthal est toujours vivant (en collaboration avec le professeur Boris F. Porchnev). Paris : Plon & Paris : Jules Tallandier (Cercle du nouveau Livre).
Dans le sillage des monstres marins : le Kraken et le poulpe colossal (édition nouvelle, revue et mise à jour). Genève : Famot, 2 volumes.
« Mito y realidad de las sirenas », *Signos*, La Havane, 15, año 5, n°2 y 3 (mayo diciembre) : 83-87.

1975 :

Le grand Serpent-de-mer (édition revue et complétée). Paris : Plon.
« Préface » in : Lindbergh, Alika, *Nous sommes deux dans l'arche*. Paris : Presses de la Cité, 11-15.

1977 :

« Préface » in : Costello, Peter, *A la recherche des monstres lacustres*. Paris : Plon, 9-14.
[Sans titre] (Texte sur la protection des singes anthropoïdes, inclus dans une annexe intitulée « D'autres hommes pensent comme nous ») in : Zuber, Christian, *Les grands singes*. Paris : Flammarion, 303.

1978 :

Les derniers Dragons d'Afrique. Paris : Plon.
« A propos des yétis, hommes-sauvages et primates inconnus », *La Recherche*, Paris : n° 85 (janvier).
« Sur la piste des animaux non identifiés » (entretien), *Pif-Gadget*, Paris, n°463 (9 janvier) : 47-50.

1979 :

« Préface de Bernard Heuvelmans » in : Gantès, R.T.F., *Le Mystère des Hommes des Neiges* ; *Le Mystère du loch Ness* ; *Le Mystère des pieuvres géantes*. Paris-Montréal : Etudes Vivantes.

1980 :

Les bêtes humaines d'Afrique. Paris : Plon.

1981 :

[*Mitshino dôbutsu o motomété*] (Traduction japonaise de *Sur la piste des bêtes ignorées*). Tokyo : Khodan-Sha.

1982 :

Sur la piste des bêtes ignorées (réédition). Genève : Famot, 4 volumes.
« What is Cryptozoology ? », *Cryptozoology*, Tucson, Vol. 1 : 1-12.
« Amazone a rencontré : Bernard Heuvelmans » (entretien : propos recueillis par Jean-Jacques Barloy), *Amazone. Revue du mystère animal*, Bourcia, n°1 : 18-20.

1983 :

« On Monsters : Or How Unknown Animals Become Fabulous Animals », *Fortean Times*, London, n° 41 : 43-47.
« How Many Animals Remain to be discovered ? », *Cryptozoology*, Tucson, Vol. 2 : 1-24.

1984 :

« The Birth and Early History of Cryptozooology », *Cryptozoology*, Tucson, Vol. 3 : 1-30.
« Cryptozoology What it Really Is » (Response to Heppell and van Valen, *Cryptozoology*, Vol. 2 : 147-157), *Cryptozoology*, Tucson, Vol. 3 : 115-118.

1986 :

« Annotated Checklist of Apparently Unknown Animals with which Cryptozoology is Concerned », *Cryptozoology*, Tucson, Vol. 5 : 1-26.

1987 :

« Foreword in : Bottriell, Lena Godsall, *King Cheetah. The Story of the Quest.* Leiden : E.J. Brill,11-15.
« Foreword » in : Mackal, Dr Roy J., *A Living Dinosaur ? In Search of Mokele-Mbembe.* Leiden : E.J. Brill, xi-xviii.
« Checklist Corrected and Completed » (Response to Tomasi, Raynal, Janis and Albert), *Cryptozoology*, Tucson, Vol. 6 : 121-124.
« La criptozoologia : che cosa é e che cosa no é », *Abstracta*, Roma, Vol. 2, n° 12 : 68-75.
« La metamorfosi degli animali sconosciuti in bestie fabulosa », *Abstracta*, Roma, Vol. 2, n°18 : 78-85.

1988 :

« How I Conquered the Great Sea-Serpent some Twenty-Five Years Ago », *Strange Magazine*, Rockville, Maryland, n°3 : 10-13, 56-57.
« The Sources and Methods of Cryptozoological Research », *Cryptozoology*, Tucson, Vol. 7 : 1-21.

1989 :

« Cryptozoology, Epistemology, and Ethics » (Response to Raynal and Winn), *Cryptozoology*, Tucson, Vol. 8 : 105-110.
« Colarusso's Linguistic Cryptozoology is a Model » (Comment on John Colarusso, 1988, « Waitoreke, the New Zealand « Otter » : a Linguistic Solution to a Cryptozoological Problem », *Cryptozoology* Vol. 7: 46-60), *Cryptozoology*, Tucson, Vol. 8 : 111-112.

1990 :

« Préface en forme de guide » in : Roumeguère-Eberhardt, Jacqueline, *Dossier X. Les hominidés non identifiés des forêts d'Afrique.* Paris : Robert Laffont, 11-40.
« Of Lingering Pterodactyls » (Part One), *Strange Magazine*, Rockville, Maryland, n°6 : 8-11, 58-60.

« The Metamorphosis of Unknown Animals into Fabulous Beasts and of Fabulous Beasts into Known Animals », *Cryptozoology*, Tucson, Vol. 9 : 1-12.
« Debate : Interpreting Myth » (avec Michel Meurger), *Fortean Times*, London, n°54 : 46-50.

1991 :

« André Capart, 1914-1991 [Obituary] », *The ISC Newsletter*, Tucson, Vol. 10, n°3 : 11.
« Other Definitions, Other Heresies » (Response to Bayanov), *Cryptozoology*, Tucson, Vol. 10 : 104-106.

1993 :

« Les monstres ou la métamorphose des animaux inconnus en bêtes fabuleuses et des bêtes fabuleuses en animaux connus », *Cahiers du CERLI,* Nouvelle série, n°1, Faculté des Lettres et des Sciences Humaines de Nantes, Actes du XIIe colloque, janvier 1991 : 63-81.
« Le dossier des hommes sauvages et velus d'Eurasie », *IIIème Millénaire*, Paris, n°28 (2ème trimestre) : 44-55, 64-67.
« Le dossier des hommes sauvages et velus d'Eurasie (suite et fin) », *IIIème Millénaire*, Paris, n°29 (3ème trimestre) : 50-61.
« Les créatures de l'ombre » (avec Jean-Pierre Anselme et Jean Larivière), *VSD Nature*, Paris, n°5 (décembre) : 62-75.

1994 :

« Un reptile équivoque à défenses de morse ! », *Cryptozoologia*, Bruxelles, n°1 (avril) : 1-8.
« Un reptile équivoque à défenses de morse ! » (IIe partie), *Cryptozoologia*, Bruxelles, n°2 (mai) : 9-15.
« Un reptile équivoque à défenses de morse ! » (IIIe partie), *Cryptozoologia*, Bruxelles, n°3 (juin) : 9-15.
« Bernard Heuvelmans : « Chasseur de monstres » » (entretien : propos recueillis par Fabien Bleuze), *Mystères*, Paris, n°12 (juin) : 56-57.
« Le mystère des hippos manquants », *Cryptozoologia*, Bruxelles, n° 7 (octobre) : 1-6.
« Le mystère des hippos manquants » (2e partie), *Cryptozoologia*, Bruxelles, n°8 (novembre) : 1-4.
« Le mystère des hippos manquants » (3e partie), *Cryptozoologia*, Bruxelles, n°9 (décembre) : 6-9.
« La métamorphose des animaux inconnus en bêtes fabuleuses et des bêtes fabuleuses en animaux connus », *IIIème Millénaire*, Paris, n°34 (4ème trimestre) : 38-55.

1995 :

On the Track of Unknown Animals (Revised edition). London : Kegan Paul International.

« Le mystère des hippos manquants » (4e partie), *Cryptozoologia*, Bruxelles, n°10 (janvier) : 6-9.
« Le mystère des hippos manquants » (5e partie), *Cryptozoologia*, Bruxelles, n° 11 (février) : 5-8.
« Le mystère des hippos manquants » (dernière partie), *Cryptozoologia*, Bruxelles, n°12 (mars) : 5-6.
« Bibliographie complète des ouvrages du Dr B. Heuvelmans », *Cryptozoologia*, Bruxelles, deuxième année de parution, n°6 (octobre) : 9-11.

1996 :

« Comment j'ai vaincu le Grand Serpent-de-mer » in : Véraldi, Gabriel (textes choisis par) : *Planète* (anthologie). Monaco : Editions du Rocher : 334-344.
« Le bestiaire insolite de la cryptozoologie ou le catalogue de nos ignorances », *Criptozoologia*, Roma : 1-18.
« Lingering Pterodactyls » (Part Two), *Strange Magazine*, Rockville, Maryland, n°17 (summer) : 18-21, 57-57.

1997 :

« Histoire de la cryptozoologie », *Criptozoologia*, Roma : 1-44.

2003 :

The Kraken and the Colossal Octopus (Revised edition). London : Kegan Paul International.

2005 :

« L'extravagant Constantin Samuel Rafinesque » (Avant propos, bibliographie et notes de Fabrice Tortey). *La Gazette fortéenne*, Paris, Vol. IV : 145-158.

Je tiens à remercier les personnes suivantes pour l'aide qu'elles ont apportée à la rédaction de cette bibliographie : Joseph Altairac, Jean-Jacques Barloy, Frédéric Blayo, Benoît Grison, Michel Meurger, Isabelle Pajau, Jean-Luc Rivera sans oublier Bernard Heuvelmans (†) qui me procura généreusement documentation et encouragements. Les lacunes, imprécisions et éventuelles erreurs sont de mon entière responsabilité.

INDEX ONOMASTIQUE

TABLE DES MATIÈRES

LES ÉDITIONS DE L'ŒIL DU SPHINX

SARL au capital de 15.245 €

R.C.S. Paris B 432 025 864 (2000 B11249)

36-42 rue de la Villette
75019 PARIS
Mail ods@oeildusphinx.com
http://www.œildusphinx.com
http://boutique.œildusphinx.com
Tél 09.75.32.33.55
Fax 01.42.01.05.38

Toutes nos parutions sont sur :
boutique.oeildusphinx.com